高等数学
（基础版）

吴定能　主编

清华大学出版社
北京

内 容 简 介

本书根据教育部制定的《高职高专教育高等数学课程教学基本要求》和中西部地区省份的《普通高校专升本招生统一考试高等数学考纲要求》编写,主要内容包括函数与极限、导数与微分、积分及其应用 3 部分,共 20 个模块、58 个任务。本书编写过程中重点考虑学生基础,语言通俗易懂,每个任务对应一个知识点,每个模块练习题分为两个难度层次,并配套巩固练习。此外,本书按考纲考点配套了 27 个专题训练,可供学生进行自我检测。本书题量丰富,难易层次分明,可以满足不同学生的学习需要。

本书可作为高职高专院校高等教学课程的教材,也可作为专升本考试培训用书。

图书在版编目(CIP)数据

高等数学:基础版/吴定能主编. -- 北京:清华
大学出版社,2025.3. -- ISBN 978-7-302-68270-7

Ⅰ. O13

中国国家版本馆 CIP 数据核字第 20259B6Z56 号

责任编辑:吴梦佳
封面设计:何凤霞
责任校对:刘　静
责任印制:丛怀宇

出版发行:清华大学出版社
网　　　址:https://www.tup.com.cn,https://www.wqxuetang.com
地　　　址:北京清华大学学研大厦 A 座　　　　　邮　　编:100084
社　总　机:010-83470000　　　　　　　　　　邮　　购:010-62786544
投稿与读者服务:010-62776969,c-service@tup.tsinghua.edu.cn
质量反馈:010-62772015,zhiliang@tup.tsinghua.edu.cn
课件下载:https://www.tup.com.cn,010-83470410
印　装　者:三河市春园印刷有限公司
经　　　销:全国新华书店
开　　　本:185mm×260mm　　　印　　张:11.5　　　字　　数:271 千字
版　　　次:2025 年 3 月第 1 版　　　　　　　　印　　次:2025 年 3 月第 1 次印刷
定　　　价:39.00 元

产品编号:110140-01

前　言

目前,高等职业教育在读大学生对普通专升本、专科学历的社会人士对成人专升本的需求量大幅增加,成人专升本是全国统一考试命题,普通专升本是每个省份自主命题。虽然高等数学被列为专升本必考科目,但是不同地区难度差异较大,考生拥有一本符合地区教育水平的备考教材尤为重要。为此,编者经过仔细阅读教育部制定的《高职高专教育高等数学课程教学基本要求》和中西部地区省份的《普通高校专升本招生统一考试高等数学考纲要求》等文件精髓,在认真总结高职高专数学教改经验的基础上,结合高职高专理工类、经管类学生基础特点编写了本书。

本书内容具有以下特点。

(1) 本书基本做到一个任务对应一个知识点,在难以理解的知识和例题下增加对知识理解的辅助提示和知识应用的规律方法,做到内容清晰明了,同时让学生养成总结提炼的习惯。

(2) 在知识点的学习要求、例题与练习题的选择方面,以让学生了解该知识是什么和会基本的运用为目标。本书在编写过程减少了"知识是怎么来的"陈述推导,降低了计算难度,减少了综合量,增强了描述的可读性展开。

(3) 本书按照知识任务编排,每个任务分为基础题、综合题,便于教师开展教学,也便于学生学习的自我定位。各模块后设置练习题,便于学习完成之后的检测巩固。

本书包含函数与极限、导数与微分、积分及其应用 3 部分,将知识内容按模块、知识点划归排版,共 20 个模块、58 个任务,内容清晰明了,有利于提高学生的学习效率。同时,本书还配套了 27 个训练专题,可供学生参考和练习,专题参考答案以二维码形式呈现,扫描书中二维码即可查阅、下载。

本书用作教学使用,教学学时建议 48～64 学时。其中,每个任务建议 1 学时,难度较大的任务 1、任务 14、任务 21、任务 22、任务 33、任务 38、任务 54、任务 57 建议 2 学时。

本书在编写过程中得到了贵州电子信息职业技术学院领导和老师们的大力支持,也参考了很多已有的文献资料,编者在此一并致以真诚的感谢。

由于编者水平有限,书中难免会有不足与疏漏之处,敬请广大读者批评指正。

编者

2024 年 12 月

目　录

基础必备知识

第 1 部分　函数与极限

第 2 部分　导数与微分

第 3 部分 积分及其应用

专 题 训 练

基础必备知识

任务 1 常用基本公式

1. 不等式

1) 绝对值不等式

(1) $|x| \leqslant a(a>0) \Rightarrow -a \leqslant x \leqslant a$ (2) $|x| \geqslant a(a>0) \Rightarrow x \geqslant a, x \leqslant -a$

2) 一元一次不等式

形如 $ax+b \geqslant 0(a \neq 0)$ 的不等式称为一元一次不等式，其求解思路为移项→除系数。

(1) $ax+b \geqslant 0(a>0) \Rightarrow x \geqslant -\dfrac{b}{a}$ (2) $ax+b \geqslant 0(a<0) \Rightarrow x \leqslant -\dfrac{b}{a}$

【例 0-1】 解不等式 $|x-1| \geqslant 2$。

解：由题意可得 $x-1 \geqslant 2$ 或 $x-1 \leqslant -2$，即 $x \geqslant 3$ 或 $x \leqslant -1$。

3) 一元二次不等式

形如 $ax^2+bx+c \geqslant 0(a \neq 0)$ 的不等式称为一元二次不等式。若对应的一元二次方程的两根分别为 x_1, x_2 且 $x_1 < x_2$，如图 0-1 所示，则

(1) $ax^2+bx+c \geqslant 0(a>0) \Rightarrow x \geqslant x_2, x \leqslant x_1$

(2) $ax^2+bx+c \leqslant 0(a>0) \Rightarrow x_1 \leqslant x \leqslant x_2$

【例 0-2】 解不等式 $2x^2+3x+1 \leqslant 0$。

解：不等式对应的一元二次方程为 $2x^2+3x+1=0$，方程的两实数根为 $-\dfrac{1}{2}, -1$，所以原不等式的解为 $-1 \leqslant x \leqslant -\dfrac{1}{2}$。

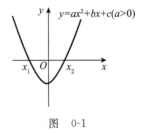

图 0-1

4) 指数与对数不等式

求解思路：化为同底的指数（同底的对数）→利用函数单调性转化为常规不等式。

(1) 形如 $a^{kx} \geqslant a^{bx+m}(a>0$ 且 $a \neq 1)$ 的不等式称为指数不等式，即

$$a^{kx} \geqslant a^{bx+m}(a>0 \text{ 且 } a \neq 1) \Rightarrow \begin{cases} kx > bx+m & (a>1) \\ kx < bx+m & (0<a<1) \end{cases}$$

(2) 形如 $\log_a kx \geqslant \log_a(bx+m)(a>0$ 且 $a \neq 1)$ 的不等式称为对数不等式，即

$$\log_a kx \geqslant \log_a(bx+m)(a>0 \text{ 且 } a \neq 1) \Rightarrow \begin{cases} kx \geqslant bx+m & (a>1) \\ kx \leqslant bx+m & (0<a<1) \end{cases}$$

【例 0-3】 解不等式 $2^{3x}>4$。

解：不等式可以转换为 $2^{3x}>2^2$，由于函数 $y=2^x$ 在 **R** 上单调递增，所以 $3x>2$，即 $x>\dfrac{2}{3}$。

5) 分式不等式

形如 $\dfrac{f(x)}{g(x)} \leqslant 0$ 的不等式称为分式不等式。

(1) $\dfrac{f(x)}{g(x)} \leqslant 0 \Leftrightarrow \begin{cases} f(x)g(x) \leqslant 0 \\ g(x) \neq 0 \end{cases}$ (2) $\dfrac{f(x)}{g(x)} < 0 \Leftrightarrow f(x)g(x) < 0$

(3) $\dfrac{f(x)}{g(x)} \geqslant 0 \Leftrightarrow \begin{cases} f(x)g(x) \geqslant 0 \\ g(x) \neq 0 \end{cases}$ (4) $\dfrac{f(x)}{g(x)} > 0 \Leftrightarrow f(x)g(x) > 0$

2. 代数公式

(1) 平方差公式：$a^2 - b^2 = (a-b)(a+b)$。

(2) 完全平方和、差公式：$(a \pm b)^2 = a^2 \pm 2ab + b^2$。

(3) 立方和、差公式：$a^3 \pm b^3 = (a \pm b)(a^2 \mp ab + b^2)$。

3. 指数与对数公式

1）指数公式

(1) $a^m \cdot a^n = a^{m+n}$ (2) $\dfrac{a^m}{a^n} = a^{m-n}$ (3) $\dfrac{a^m}{b^m} = \left(\dfrac{a}{b}\right)^m$

(4) $a^{-m} = \dfrac{1}{a^m}$ (5) $(a^m)^n = a^{mn} = a^{nm}$ (6) $\sqrt[n]{a^m} = a^{\frac{m}{n}}$

(7) $\sqrt{a^2} = |a|$

2）对数公式

(1) $\log_a xy = \log_a x + \log_a y$ (2) $\log_a \dfrac{x}{y} = \log_a x - \log_a y$

(3) $\log_a x^n = n\log_a x$ (4) $x = a^{\log_a x}, x^y = a^{y\log_a x}$（经常逆用）

4. 三角公式

(1) $\sin^2 x + \cos^2 x = 1$ (2) $1 + \tan^2 x = \sec^2 x$

(3) $1 + \cot^2 x = \csc^2 x$ (4) $\sin 2x = 2\sin x \cos x$

(5) $\cos 2x = \cos^2 x - \sin^2 x = 1 - 2\sin^2 x = 2\cos^2 x - 1$

5. 几何公式

(1) 扇形弧长：$l = |\alpha| r$（α 为圆心角，r 为半径）。

(2) 扇形面积：$s = \dfrac{1}{2} lr = \dfrac{1}{2} |\alpha| r^2$（$\alpha$ 为圆心角，r 为半径，l 为弧长）。

(3) 圆的面积：$s = \pi r^2$。

(4) 圆的周长：$l_{周长} = 2\pi r$。

(5) 圆锥体积：$V = \dfrac{1}{3} \pi r^3 h$（$r$ 为底圆的半径，h 为圆锥的高）。

(6) 球的体积：$V = \dfrac{4}{3} \pi r^3$。

(7) 球的表面积：$s = 4\pi r^2$。

(8) 圆柱的体积：$V = \pi r^2 h$。

基础必备知识练习题

1. 解下列不等式。

(1) $-x+4>7$

(2) $3x-1\leqslant-2$

(3) $|x-2|<3$

(4) $|2x+1|\geqslant5$

(5) $(x-1)(x+2)>0$

(6) $(-x+1)(2x+1)\leqslant0$

(7) $x^2-4\leqslant0$

(8) $-2x^2+1<-7$

(9) $x^2-3x+2\leqslant0$

(10) $-x^2-5x+6\leqslant0$

2. 解下列不等式。

(1) $2^{x-1}>1$

(2) $\left(\dfrac{1}{2}\right)^{x+2}>\dfrac{1}{8}$

(3) $\log_2(x-2)>2$

(4) $\log_{\frac{1}{3}}(x-2)\leqslant0$

(5) $\dfrac{2x+3}{x-1}\leqslant0$

(6) $\dfrac{-x+1}{2x}>0$

函数与极限

模块 1 函数的概念

任务2 函数与反函数

1. 函数的定义

设有两个变量 x, y,变量 x 在非空实数集 D 内任意取出一个数值,通过对应法则 f,都会有唯一的 y 与之对应,则称 y 是 x 的函数,如图 1-1 所示,记作 $y = f(x)$。

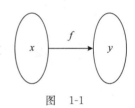

图 1-1

其中,x 称为自变量,y 称为因变量,非空实数集 D 称为定义域。

理解提示

函数的定义需满足三个条件:一是自变量 x 的取值范围,只能取实数;二是自变量 x 的取值方式,任意随机取;三是自变量取一个特定值所对应的因变量 y 取值的个数必须唯一。

【例 1-1】 下列问题中,变量 y 是否为变量 x 的函数?

(1) 一次数学考试后,每位学生 x 都有唯一的分数 y。

(2) 变量 x 与变量 y 的数学关系式为 $y = \pm\sqrt{x}$。

解:

(1) 变量 x 代表学生,不是实数,因此,y 不是 x 的函数。

(2) 若 $x = 4$,可得到 $y = 2$ 或 -2,不唯一,因此,y 不是 x 的函数。

2. 反函数

1) 反函数的定义

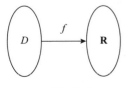

图 1-2

设函数 $y = f(x)$ 的定义域是 D,值域为 $\mathbf{R}$,对于 $\mathbf{R}$ 内的每一个 y,都可以通过 $y = f(x)$ 确定唯一的 $x = \varphi(y)$,$x \in D$ 与之对应,如图 1-2 所示,这样的定义下,以 y 为自变量的函数称为 $y = f(x)$ 的反函数,记作 $f^{-1}(x)$。

理解提示

（1）求函数 $y=f(x)$ 的反函数,可以理解为求解关于 x 的方程,求解出的方程须唯一。

（2）函数 $y=f(x)$ 与它的反函数的定义域和值域互换了。

2）反函数的图象特点

同一坐标系中,函数 $y=f(x)$ 与它的反函数的图象是关于直线 $y=x$ 对称的。

【例 1-2】 求函数 $y=3x-1$ 的反函数。

解：通过移项变换得关于 x 的方程为 $3x-y-1=0$,解方程得

$$x=\frac{y+1}{3}$$

即该函数的反函数为

$$y=\frac{x+1}{3}$$

【例 1-3】 求函数 $y=\sqrt{x}+1$ 的反函数。

解：通过解关于 x 的方程可得

$$x=(y-1)^2$$

而由题意明显可知 $y\geqslant 1$,所以,该函数的反函数为

$$y=(x-1)^2 \quad (x\geqslant 1)$$

规律方法

求一个函数的反函数表达式,需考虑反函数的定义域,应与原函数的值域一样。

3）反三角函数

称三角函数 $y=\sin x$,$y=\cos x$,$y=\tan x$,$y=\cot x$,$y=\sec x$,$y=\csc x$ 的反函数为反三角函数,分别为 $y=\arcsin x$,$y=\arccos x$,$y=\arctan x$,$y=\operatorname{arccot} x$,$y=\operatorname{arcsec} x$,$y=\operatorname{arccsc} x$。

其中,$y=\arcsin x$ 和 $y=\arccos x$ 中,x 的取值范围是 $[-1,1]$。

【例 1-4】 计算下列函数值。

（1）$\arctan\sqrt{3}$ （2）$\arccos 0$

解：

（1）因为 $\tan\dfrac{\pi}{3}=\sqrt{3}$,所以 $\arctan\sqrt{3}=\dfrac{\pi}{3}$。

（2）因为 $\cos\dfrac{\pi}{2}=0$,所以 $\arccos 0=\dfrac{\pi}{2}$。

任务3　求函数的值

函数 $y=f(x)$ 在 x_0 处的函数值可以表示为 $f(x_0)$ 或 $y|_{x=x_0}$。

【例 1-5】 设 $f(x)=x^2-1$,求 $f(1)$,$f(-x)$,$f(3m-1)$。

解：
$$f(1)=1^2-1=0$$
$$f(-x)=(-x)^2-1=x^2-1$$
$$f(3m-1)=(3m-1)^2-1=9m^2-6m$$

规律方法

求函数 $f(x)$ 在 $x=\triangle$ 处的函数值,仅需要把 $\triangle$ 看作整体,替换表达式中的所有 x。

任务4　函数的定义域

我们知道,函数有三个要素:定义域、对应法则及值域。其中,定义域为自变量 x 的取值范围构成的集合。

常见的求函数定义域的情形如下。

(1) $y=\dfrac{1}{f(x)}$,需满足 $f(x)\neq 0$。

(2) $y=\sqrt[n]{g(x)}$,n 为偶数,需满足 $g(x)\geqslant 0$。

(3) $y=\log_a h(x)$,需满足 $h(x)>0$。

(4) $y=\arcsin u(x)$ 或 $y=\arccos u(x)$,需满足 $-1\leqslant u(x)\leqslant 1$。

【例 1-6】 函数 $f(x)=\log_3(2x-1)$ 的定义域为_____。

解: 由题意得 $2x-1>0$,解得 $x>\dfrac{1}{2}$,即函数 $f(x)$ 的定义域为 $\left(\dfrac{1}{2},+\infty\right)$。

【例 1-7】 求函数 $g(x)=\dfrac{1}{\sqrt{x-1}}-\arccos(3x-5)$ 的定义域。

解: 由题意可得 $\begin{cases} x-1>0 \\ -1\leqslant 3x-5\leqslant 1 \end{cases}$,解得 $\begin{cases} x>1 \\ \dfrac{4}{3}\leqslant x\leqslant 2 \end{cases}$,即函数 $g(x)$ 的定义域为 $\left[\dfrac{4}{3},2\right]$。

规律方法

求含多种情形的函数 $f(x)$ 的定义域,表达式中所有情形都要满足,并取其交集。

【例 1-8】 (1) 已知函数 $y=f(2x)$ 的定义域为 $(-4,0]$,求 $y=f(x)$ 的定义域。

(2) 已知函数 $y=f(x)$ 的定义域为 $(-4,0]$,求 $y=f(2x)$ 的定义域。

解:

(1) 由题意可知,$-4<x\leqslant 0$,可得 $-8<2x\leqslant 0$,所以,$y=f(x)$ 的定义域为 $(-8,0]$。

(2) 由题意可得 $-4<2x\leqslant 0$,解得 $-2<x\leqslant 0$,所以,$y=f(2x)$ 的定义域为 $(-2,0]$。

规律方法

抽象复合函数求定义域。

> (1) 已知函数 $y=f[\varphi(x)]$ 的定义域为 (a,b)，求 $y=f(x)$ 的定义域，则由 $x\in(a,b)$，
>
> (2) 已知函数 $y=f(x)$ 的定义域为 (a,b)，求 $y=f[\varphi(x)]$ 的定义域，则由 $\varphi(x)\in$ (a,b)，求 x 的范围，即为 $y=f[\varphi(x)]$ 的定义域。

练 习 题

A 组

1．下列关于反函数的说法中正确的是（　　　）。

　A．任何函数都有反函数

　B．函数 $y=\sqrt[5]{x}$ 的反函数为 $y=x^5$

　C．函数 $y=x^4$ 的反函数为 $x=\sqrt[4]{y}$

2．计算下列函数的值。

（1）arcsin1　　　　　　（2）arccos1　　　　　　（3）arctan1

3．函数 $f(x)=2x-3$ 的反函数为 _____ 。

4．已知函数 $f(x)=2+\ln(2x+1)$，则 $f^{-1}(2)=$ _____ 。

5．函数 $y=\dfrac{1}{\lg(x+2)}$ 的定义域为 _____ 。

6．函数 $y=\dfrac{1}{x-2}+\ln x$ 的定义域为 _____ 。

7．函数 $f(x)=\begin{cases} 3x & (x<3) \\ 2 & (3\leqslant x<5) \\ -x^2-1 & (5\leqslant x\leqslant 8) \end{cases}$ 的定义域为 _____ 。

B 组

1．已知 $f(x)=x^6$，$\varphi(x)=\sqrt[6]{x}$，则下列说法中正确的是（　　　）。

　A．$f(x)=x^6$ 是 $\varphi(x)=\sqrt[6]{x}$ 的反函数

　B．若 $f(x)=x^6$ 单调递增，是 $\varphi(x)=\sqrt[6]{x}$ 的反函数

　C．若 $f(x)=x^6$ 单调递减，是 $\varphi(x)=\sqrt[6]{x}$ 的反函数

2．下列说法中不正确的是（　　　）。

　A．$f(x)=x^3$ 是 $\varphi(x)=\sqrt[3]{x}$ 的反函数

　B．$f(x)=x^3$ 不是 $\varphi(x)=\sqrt[3]{x}$ 的反函数

　C．$f(x)=\arcsin x$ 是 $\varphi(x)=\sin x$ 的反函数

　D．$f(x)=\sqrt[4]{x}$ 是 $\varphi(x)=x^4$　$(x\geqslant0)$ 的反函数

3.求函数 $y=\arccos\dfrac{x-1}{2}$ 的定义域。

4.求函数 $f(x)=\arcsin(x-1)+\sqrt{3-x}$ 的定义域。

5.求函数 $y=\sqrt{\lg x}$ 的定义域。

6.已知函数 $f(x)$ 的定义域为 $[1,e]$,求函数 $f(e^x)$ 的定义域。

7.已知函数 $f(2x+1)$ 的定义域为 $[1,2]$,求函数 $f(x)$ 的定义域。

8.判断下列各组函数是否为同一函数。

(1) $f(x)=x+1,g(x)=\dfrac{x^2-1}{x-1}$　　　　(2) $f(x)=\sin^2 x+\cos^2 x,g(x)=1$

<h1>模块 2　函数的常见性质</h1>

学习要求

（1）能够利用图象理解函数的单调性的定义。

（2）理解函数奇偶性的定义，掌握函数奇偶性的判断方法及步骤。

（3）理解函数周期性的定义。

（4）理解函数的有界性。

任务 5　函数的单调性

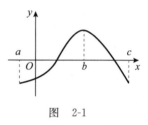

图　2-1

设函数 $y=f(x)$ 在某区间内有定义（见图 2-1），对于该区间内任意 x_1,x_2，若 $x_1<x_2$，恒有 $f(x_1)<f(x_2)$，则称函数 $f(x)$ 在该区间内单调增加；若 $x_1<x_2$，恒有 $f(x_1)>f(x_2)$，则称函数 $f(x)$ 在该区间内单调减少。

说明：函数单调性的判断，目前主要是用导数来分析，故此处不作应用分析。

任务 6　函数的奇偶性

1. 定义

设函数 $y=f(x)$ 的定义域 D 是关于原点对称的，若 $f(-x)=f(x)$，称函数 $f(x)$ 为偶函数（见图 2-2）；若 $f(-x)=-f(x)$，称函数 $f(x)$ 为奇函数（见图 2-3）；若 $f(-x)\neq f(x)$ 且 $f(-x)\neq -f(x)$，称函数 $f(x)$ 为非奇非偶函数。

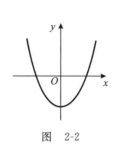

图　2-2

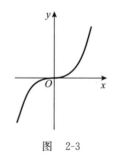

图　2-3

2. 图象的对称性特点

偶函数的图象关于 y 轴对称；奇函数的图象关于原点 $(0,0)$ 对称。

【例2-1】 函数 $f(x)=\sin x+x^3$ 是（　　）。

A. 奇函数　　　　B. 偶函数　　　　C. 非奇非偶函数　　　　D. 无奇偶性

解： 函数 $f(x)$ 的定义域为 $(-\infty,+\infty)$，且

$$f(-x)=\sin(-x)+(-x)^3=-\sin x-x^3=-(\sin x+x^3)=-f(x)$$

由此可知，该函数为奇函数。因此，A 选项正确。

> **规律方法**
>
> 　判断函数奇偶性的思路如下。
>
> 　（1）判断定义域是否关于原点对称。
>
> 　（2）求 $f(-x)$ 并化简。
>
> 　（3）找化简后的表达式与 $f(x)$ 的关系。

任务7　函数的周期性

已知函数的定义域为 D，若存在 $T>0,\forall x\in D$ 且 $x\pm T\in D$ 有

$$f(x\pm T)=f(x)$$

则称函数 $y=f(x)$ 为周期函数，T 称为函数 $f(x)$ 的周期（下文中的周期通常是指最小正周期）。

> **理解提示**
>
> 　常见的三角函数的周期：$y=\sin x$ 和 $y=\cos x$ 的周期为 2π，$y=\tan x$ 的周期为 π。

【例2-2】 已知函数 $f(x)$ 的周期为 2，且 $f(1)=-3$，则 $f(-5)=$ _____。

解： 由题意可知 $T=2$，则

$$f(1)=f(-5+3\times2)=f(-5+3T)=f(-5)$$

所以 $f(-5)=-3$。

任务8　函数的有界性

已知函数 $f(x)$ 的定义域为 D，存在一个正数 M，使 $|f(x)|\leqslant M$ 恒成立，则称函数 $f(x)$ 在 D 上有界（见图 2-4）；若这样的 M 不存在，则函数 $f(x)$ 在 D 上无界。

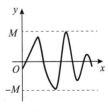

图　2-4

其中，若 $f(x)\leqslant M$ 恒成立，则称 M 为函数 $f(x)$ 在 D 的上界；若 $f(x)\geqslant m$ 恒成立，则称 m 为函数 $f(x)$ 在 D 的下界。

> **理解提示**
>
> 　常见的有界函数：$y=A\sin(wx+\varphi)$，$y=A\cos(wx+\varphi)$，$y=A\arctan(wx+\varphi)$。

【例 2-3】 下列函数中不是有界函数的是(　　)。

A. $y = -2\cos 3x$　　　　　　B. $y = |x+1|$

C. $y = 3\sin(2x+1)$　　　　　D. $y = -\arctan(-x+1)$

解：因为$|y| = ||x+1|| = |x+1| \geqslant 0$不满足函数有界的定义，所以选 B。

练 习 题

A 组

1. 函数 $f(x) = (e^x - e^{-x})\sin x$ 为(　　)。

　A. 奇函数　　　　　　　　　B. 偶函数

　C. 非奇非偶函数　　　　　　D. 既是奇函数又是偶函数

2. 函数 $g(x) = \ln \sin(\cos^2 x)$ 的图象关于(　　)对称。

　A. $x = 0$　　　B. $y = 0$　　　C. $(0,0)$　　　D. $y = x$

3. 函数 $g(x) = \tan\left(\dfrac{1}{2}x + 3\right)$ 的周期是(　　)。

　A. π　　　　B. 2π　　　C. $\dfrac{4\pi}{3}$　　　D. $\dfrac{\pi}{6}$

4. 函数 $g(x) = \sin 3x + 2$ 的周期是(　　)。

　A. $\dfrac{\pi}{3}$　　　B. 2π　　　C. $\dfrac{2\pi}{3}$　　　D. $\dfrac{\pi}{6}$

5. 已知函数 $f(x)$ 的周期为 3，且 $f(2) = 3$，求 $f(-4)$。

B 组

1. 函数 $y = \ln\left(\sqrt{1+x^2} - x\right)$ 为(　　)。

　A. 奇函数　　　　　　　　　B. 偶函数

　C. 非奇非偶函数　　　　　　D. 既是奇函数又是偶函数

2. 下列函数的图象关于原点对称的是(　　)。

　A. $f(x) = e^x$　　　　　　　B. $f(x) = x^2|x|$

　C. $f(x) = \sin x$　　　　　　D. $f(x) = \cos x$

3. 函数 $g(x) = \ln\dfrac{1-x}{1+x}$ 为(　　)。

　A. 奇函数　　　　　　　　　B. 偶函数

　C. 非奇非偶函数　　　　　　D. 既是奇函数又是偶函数

4. 函数 $g(x) = \sin\dfrac{x}{2} + \cos\dfrac{x}{6}$ 的周期是(　　)。

　A. 4π　　　B. 2π　　　C. 6π　　　D. 12π

5. 已知奇函数 $f(x)$ 的周期为 3，且 $f(2) = 1$，求 $f(-5)$。

模块 3 初 等 函 数

（1）掌握六类基本初等函数的表达式及性质。

（2）掌握复合函数的定义及分解。

任务 9 基本初等函数

基本初等函数如表 3-1 所示。

表 3-1

函 数 名	表 达 式	图 象
常数函数	$y = c$（c 为常数）	
幂函数	$y = x^{\mu}$（μ 为常数）	
指数函数	$y = a^x$（$a > 0$ 且 $a \neq 1$）	
对数函数	$y = \log_a x$ （$a > 0$ 且 $a \neq 1$）	

续表

函　数　名	表　达　式	图　　象
三角函数	$y=\sin x$, $y=\cos x$	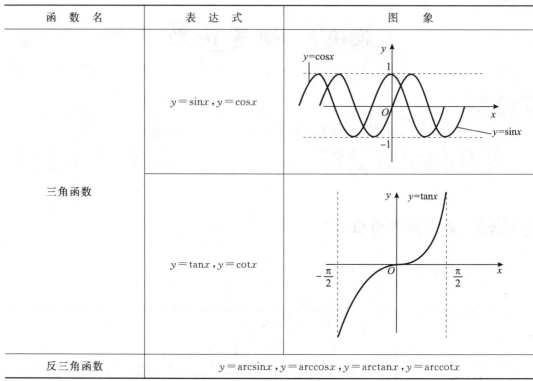
	$y=\tan x$, $y=\cot x$	
反三角函数	$y=\arcsin x$, $y=\arccos x$, $y=\arctan x$, $y=\text{arccot}x$	

【例 3-1】　下列函数中(　　)是基本初等函数。

A. $y=2x^2$　　　　　B. $y=\sin 2x$　　　　C. $y=\log_2(x+1)$　　　D. $y=3^x$

解:因为 $y=3^x$ 是指数函数,所以它是基本初等函数,故 D 选项正确。

【例 3-2】　下列函数中(　　)是幂函数。

A. $y=2^x$　　　　　B. $y=2^{x+2}$　　　　C. $y=x^2$　　　　　D. $y=3x^2$

解:底数为 x,幂次数为常数,故 C 选项正确。

任务10　复合函数

设函数 $y=f(u)$,其中 $u=\varphi(x)$,且 $\varphi(x)$ 的值全部或部分落在 $f(u)$ 的定义域中,则称 $y=f[\varphi(x)]$ 为函数 $y=f(u)$ 与 $u=\varphi(x)$ 的复合函数,其中 u 称为中间变量。

理解提示

若 $\varphi(x)$ 的值没有完全落在 $f(u)$ 的定义域中,则不能进行复合,如 $y=\arccos u$ 与 $u=x^2+3$ 就不能复合。

【例 3-3】　由 $y=e^u$, $u=\cos x$ 构成的复合函数为_____。

解:由复合函数定义可得,复合后的函数为 $y=e^{\cos x}$。

【例 3-4】　已知 $f(x)=2^x$, $g(x)=\lg x$,求 $f[g(100)]$ 的值。

解:由题意可知 $f[g(x)]=2^{\lg x}$,所以, $f[g(100)]=2^{\lg 100}=4$。

【例 3-5】 写出函数 $y = e^{-2x}$ 的复合过程。

解：观察函数 $f(x)$ 发现，该函数由一次函数与指数函数复合而成，因此，该函数的复合过程为 $y = e^u$，$u = -2x$。

【例 3-6】 设函数 $f(x+1) = x^2 - x$，求 $f(x)$。

解：令 $t = x+1$，则 $x = t-1$，所以 $f(t) = (t-1)^2 - (t-1) = t^2 - 3t + 2$，即 $f(x) = x^2 - 3x + 2$。

【例 3-7】 设函数 $f\left(x + \dfrac{1}{x}\right) = x^2 + \dfrac{1}{x^2} + 3$，求 $f(x)$。

解：因为 $f\left(x + \dfrac{1}{x}\right) = x^2 + \dfrac{1}{x^2} + 3 = x^2 + 2 + \dfrac{1}{x^2} + 1 = \left(x + \dfrac{1}{x}\right)^2 + 1$，所以 $f(x) = x^2 + 1$。

规律方法

(1) 换元法：令括号内为一个新的变量，然后用新变量表示 x，代入函数化简即可。

(2) 恒等变形法：对等号后的表达式变形，使其变为含括号内这个整体的表达式。

练 习 题

A 组

1. 设 $f(x) = x^3$，$g(x) = 3^x$，则 $f[g(x)] = $ _____，$g[f(x)] = $ _____。

2. 设函数 $f(x) = 2x + 5$，则 $f[f(x) - 1] = $ _____。

3. 下列函数中（　　）是基本初函数。

　A. $y = 2x^3$　　　　B. $y = 3\arccos x$　　　C. $y = \sqrt[3]{x^2}$　　　D. $y = \tan 2x$

4. 函数 $f(x) = \sin^2 x$ 的复合过程是（　　）。

　A. $y = \sin u$，$u = t$，$t = x^2$　　　　　　B. $y = u^2$，$u = \sin x$

　C. $y = u$，$u = v^2$，$v = \sin x$　　　　　　D. $y = \sin u$，$u = x^2$

5. 设函数 $f(3x+1) = 4x + 3$，则 $f(x) = $（　　）。

　A. $\dfrac{4}{3}x - \dfrac{5}{3}$　　　B. $-\dfrac{4}{3}x + \dfrac{5}{3}$　　　C. $-\dfrac{4}{3}x + \dfrac{8}{3}$　　　D. $\dfrac{4}{3}x + \dfrac{5}{3}$

B 组

1. 设函数 $f(x) = \dfrac{1}{1+x^2}$，$g(x) = \sqrt{x+1}$，则 $f[g(x)] = $ _____。

2. 由函数 $y = e^u$，$u = \cos v$，$v = 2x$ 构成的复合函数为 _____。

3. 由函数 $y = \log_5 u$，$u = \sin v$，$v = 1 - x^2$ 构成的复合函数为 _____。

4. 函数 $f(x) = \dfrac{1}{\arccos(x^2-1)}$ 的复合过程是（　　）。

    A. $y = u$，$u = \dfrac{1}{v}$，$v = \arccos t$，$t = x^2 - 1$ B. $y = \dfrac{1}{v}$，$v = \arccos t$，$t = x^2 - 1$

    C. $y = \dfrac{1}{\arccos v}$，$v = x^2 - 1$ D. $y = \dfrac{1}{v}$，$v = \arccos(x^2 - 1)$

5. 函数 $f(x) = \ln^5 \cos e^{-x}$ 的复合过程是（　　）。

    A. $y = u^5$，$u = \ln v$，$v = \cos t$，$t = e^x$ B. $y = s$，$s = u^5$，$u = \ln v$，$v = \cos t$，$t = e^x$

    C. $y = u^5$，$u = \ln v$，$v = \cos t$，$t = e^s$，$s = -x$ D. $y = u^5$，$u = \ln v$，$v = \cos t$，$t = e^{-x}$

6. 设函数 $f(\cos x) = \sin^2 x + \cos x$，则 $f(x) = $（　　）。

    A. $1 - x^2 + x$ B. $x^2 + x - 1$

    C. $x^2 - x - 1$ D. $-x^2 + x - 1$

7. 设函数 $f\left(x - \dfrac{1}{x}\right) = x^2 + \dfrac{1}{x^2} - 2$，则 $f(x) = $（　　）。

    A. $x^2 - 1$ B. x^2

    C. $x^2 - 2$ D. $x^2 + 2$

函数部分巩固练习

一、选择题

1. 函数 $y = \ln(x+1) + \dfrac{1}{\sqrt{3-x}}$ 的定义域为（　　）。

　A. $(-\infty, -1)$　　　　　　　　　B. $(-1, 3)$

　C. $(-1, 3) \cup (3, +\infty)$　　　　D. $(3, +\infty)$

2. 函数 $y = \dfrac{1}{x-3} + \sqrt{\log_2 x}$ 的定义域为（　　）。

　A. $(3, +\infty)$　　　　　　　　　B. $(1, +\infty)$

　C. $(-\infty, 1] \cup [3, +\infty)$　　D. $[1, 3) \cup (3, +\infty)$

3. 函数 $f(x) = \dfrac{\ln|x|}{\sqrt{1-x^2}}$ 的定义域为（　　）。

　A. $(-1, 0) \cup (0, 1)$　　　　　B. $(-1, 1)$

　C. $(-1, 0)$　　　　　　　　　　D. $(0, 1)$

4. 设 $f(x) = \dfrac{\sqrt{-x^2+x+6}}{-1+\log_2 x}$，则 $f(x)$ 的定义域为（　　）。

　A. $[2, 3)$　　　　　　　　　　　B. $(2, 3)$

　C. $[-2, 2) \cup (2, 3]$　　　　　D. $(0, 2) \cup (2, 3]$

5. 函数 $y = \dfrac{\sqrt{5-x}}{x-2} + \sqrt{\lg x}$ 的定义域为（　　）。

　A. $(-\infty, 2) \cup (2, +\infty)$　　B. $(1, 5]$

　C. $[1, 2) \cup (2, 5]$　　　　　　D. $(1, 2)$

6. 函数 $f(x) = \begin{cases} x & (-1 \leqslant x < 0) \\ \sin x & (0 \leqslant x < 3) \\ 1+x & (x \geqslant 3) \end{cases}$ 的定义域为（　　）。

　A. $[-1, 3]$　　　B. $[-1, +\infty)$　　　C. $(-1, 3)$　　　D. $(-1, +\infty)$

7. 已知函数 $y = 2\sin 3x + 1$，则其周期 $T = ($　　$)$。

　A. 2π　　　　　　B. 3π　　　　　　C. $\dfrac{2\pi}{3}$　　　　　　D. 6π

8. 下列选项中为同一函数的是（　　）。

　A. $y = \ln x^2,\ y = 2\ln x$　　　　　　B. $y = 2^x,\ y = \log_2 x$

　C. $y = x+1,\ y = \dfrac{x^2-1}{x-1}$　　　　D. $y = \sqrt{x^2},\ y = |x|$

9. 设函数 $f(x) = \sin x\, \mathrm{e}^{\cos x}$，则 $f(x)$ 是（　　）。

　A. 奇函数　　　　　B. 偶函数　　　　　C. 单调增函数　　　D. 单调减函数

10. 复合函数 $y = \sin^3 2x$ 可分解为（　　）。

　　A. $y = u^3,\ u = \sin 2x$　　　　　　B. $y = \sin^3 u,\ u = 2x$

C. $y=u^3,u=\sin v,v=2x$ D. $y=\sin u,u=v^3,v=2x$

二、填空题

1. 函数 $y=\arccos(x-2)$ 的定义域为 _____。

2. 函数 $y=\lg\dfrac{x}{x+2}-\arccos\dfrac{x}{5}$ 的定义域为 _____。

3. 已知函数 $f(u)=\sqrt{u}$，$u=1-\cos x$，则复合函数 $f(x)=$ _____。

4. 已知 $y=\mathrm{e}^u$，$u=\sin v$，$v=\sqrt{w}$，$w=x^2-1$，则 $y=$ _____。

5. 由函数 $y=\log_5 u$，$u=\sin v$，$v=1-x^2$ 构成的复合函数 $y=$ _____。

6. 已知 $f(2x)=4x^2+1$，则 $f(x)=$ _____。

7. 已知函数 $f(x-2)=x^2-2x-1$，则 $f(x)=$ _____。

8. 已知 $f(x+1)=x^2+\mathrm{e}^x+2$，则 $f(x)=$ _____。

9. $f(x)=\dfrac{2x}{3x-1}$ 的反函数 $f^{-1}(x)=$ _____。

10. 函数 $y=\ln\dfrac{x+1}{x-1}$ 的反函数是 _____。

三、计算题

已知函数 $f(x)=\begin{cases}2^{2-|x+1|} & (x\geqslant 1)\\ 1+\log_2(x^2+x) & (x<1)\end{cases}$，求满足不等式 $f(x)<2$ 的 x 的取值范围。

模块 4　函数极限的概念与性质

任务 11　函数极限的定义

1. 邻域

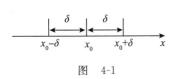

图 4-1

称开区间 $(x_0-\delta, x_0+\delta)$ 为以 x_0 为中心,$\delta(\delta>0)$ 为半径的邻域,记作 $N(x_0, \delta)$(见图 4-1)。称区间 $(x_0-\delta, x_0) \bigcup (x_0, x_0+\delta)$ 为以 x_0 为中心,$\delta(\delta>0)$ 为半径的去心(空心)邻域,记作 $\overset{\circ}{N}(x_0, \delta)$。

2. 无限趋近(接近)符号的认识

(1) $x \to +\infty$,指 x 从左往右无限靠近正的无穷大。

(2) $x \to -\infty$,指 x 从右往左无限靠近负的无穷大。

(3) $x \to \infty$,指 x 从既包含从右往左无限靠近负的无穷大,也包括从左往右无限靠近正的无穷大。

(4) $x \to x_0^-$,指 x 在 x_0 的邻域内从左往右无限靠近 x_0。

(5) $x \to x_0^+$,指 x 在 x_0 的邻域内从右往左无限靠近 x_0。

(6) $x \to x_0$,指 x 在 x_0 的邻域内,既包含从右往左无限靠近 x_0,也包含从左往右无限靠近 x_0。

3. 当 $x \to \infty$ 时,函数 $f(x)$ 的极限

定义 1:设函数 $f(x)$ 在区间 $(a, +\infty)$(a 为常数)内有定义,如果当 $x \to +\infty$ 时,函数 $f(x)$ 无限趋近于一个确定的常数 A,则称常数 A 为函数 $f(x)$ 在 $x \to +\infty$ 时的极限(见图 4-2),记作

$$\lim_{x \to +\infty} f(x) = A$$

定义 2:设函数 $f(x)$ 在区间 $(-\infty, a)$(a 为常数)内有定义,

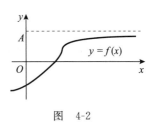

图 4-2

如果当 $x \to -\infty$ 时，函数 $f(x)$ 无限趋近于一个确定的常数 A，则称常数 A 为函数 $f(x)$ 在 $x \to -\infty$ 时的极限，记作

$$\lim_{x \to -\infty} f(x) = A$$

定义 3：设函数 $f(x)$ 在 $|x| > a (a > 0$，为常数$)$ 有定义，如果当 $x \to \infty$ 时，函数 $f(x)$ 无限趋近于一个确定的常数 A，则称常数 A 为函数 $f(x)$ 在 $x \to \infty$ 时的极限，记作

$$\lim_{x \to \infty} f(x) = A$$

【例 4-1】 已知函数 $f(x) = \dfrac{1}{x}$，根据该函数的图象（见图 4-3），求 $\lim\limits_{x \to +\infty} f(x)$，$\lim\limits_{x \to -\infty} f(x)$。

解：结合函数的图象可得，$\lim\limits_{x \to +\infty} f(x) = 0$，$\lim\limits_{x \to -\infty} f(x) = 0$。

4. 当 $x \to x_0$ 时，函数 $f(x)$ 的极限

设函数 $f(x)$ 在 x_0 的某个去心邻域内有定义，如果当 $x \to x_0$ 时，函数 $f(x)$ 无限趋近于一个确定的常数 A，则称常数 A 为函数 $f(x)$ 在 $x \to x_0$ 时的极限，记作

$$\lim_{x \to x_0} f(x) = A \quad 或 \quad f(x) \to A (x \to x_0)$$

如图 4-4 所示，函数 $f(x) = \begin{cases} -x + 1 & (x < 0) \\ -2x^2 + 1 & (x > 0) \end{cases}$ 在 $x \to 0$ 时的极限为 1。

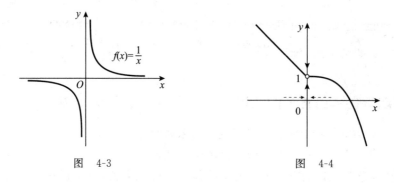

图 4-3　　　　　　　　图 4-4

5. 当 $x \to x_0$ 时，函数 $f(x)$ 的左、右极限

定义 1：设函数 $f(x)$ 在 x_0 的某个左侧邻域 $(x_0 - \sigma, x_0)$ 内有定义，如果当 $x \to x_0^-$ 时，函数 $f(x)$ 无限趋近于一个确定的常数 A，则称常数 A 为函数 $f(x)$ 当 $x \to x_0^-$ 时的左极限，记作

$$\lim_{x \to x_0^-} f(x) = A \quad 或 \quad f(x) \to A (x \to x_0^-)$$

定义 2：设函数 $f(x)$ 在 x_0 的某个右侧邻域 $(x_0, x_0 + \sigma)$ 内有定义，如果当 $x \to x_0^+$ 时，函数 $f(x)$ 无限趋近于一个确定的常数 A，则称常数 A 为函数 $f(x)$ 当 $x \to x_0^+$ 时的右极限，记作

$$\lim_{x \to x_0^+} f(x) = A \quad 或 \quad f(x) \to A (x \to x_0^+)$$

【例 4-2】 求下列函数的极限。

(1) $\lim\limits_{x \to 2} x^2$ 　　　　(2) $\lim\limits_{x \to 2} \ln x$ 　　　　(3) $\lim\limits_{x \to \frac{\pi}{4}^+} \tan x$ 　　　　(4) $\lim\limits_{x \to 10} 0$

解: 结合相应函数的图象可得

(1) $\lim\limits_{x \to 2} x^2 = 4$ 　　　　　　　　　(2) $\lim\limits_{x \to 2} \ln x = \ln 2$

(3) $\lim\limits_{x \to \frac{\pi}{4}^+} \tan x = \tan \dfrac{\pi}{4} = 1$ 　　　　(4) $\lim\limits_{x \to 10} 0 = 0$

规律方法

(1) 若 $f(x)$ 为简单的函数且在 x_0 处有定义,则 $\lim\limits_{x \to x_0} f(x) = f(x_0)$。

(2) 常数函数的极限等于其本身。

任务 12　函数极限存在的判断

当 $x \to x_0$ 时,函数 $f(x)$ 的极限存在的充要条件为

$$\lim\limits_{x \to x_0} f(x) = A \Leftrightarrow \lim\limits_{x \to x_0^-} f(x) = A = \lim\limits_{x \to x_0^+} f(x)$$

当 $x \to \infty$ 时,上式仍成立。

理解提示

　　该定理主要用于判断分段函数在分段点处的极限存在情况。

【例 4-3】 已知函数 $f(x)$ 满足 $\lim\limits_{x \to 1^-} f(x) = 2$, $\lim\limits_{x \to 1^+} f(x) = 0$,求 $\lim\limits_{x \to 1} f(x)$。

解: 由题意可知,$\lim\limits_{x \to 1^-} f(x) \neq \lim\limits_{x \to 1^+} f(x)$,所以 $\lim\limits_{x \to 1} f(x)$ 不存在。

【例 4-4】 设函数 $f(x) = \begin{cases} x+2 & (x<0) \\ x & (x=0) \\ 2+3x & (x>0) \end{cases}$,则 $\lim\limits_{x \to 0} f(x) = ($ 　　 $)$。

A. 0 　　　　　　B. 2 　　　　　　C. 3 　　　　　　D. 不存在

解: 由题意可知,$\lim\limits_{x \to 0^-} f(x) = \lim\limits_{x \to 0^-} (x+2) = 2$,$\lim\limits_{x \to 0^+} f(x) = \lim\limits_{x \to 0^+} (2+3x) = 2$,所以 $\lim\limits_{x \to 0} f(x) = 2$,故选 B。

规律方法

　　分段函数在分段点的极限存在的判断思路如下。

(1) 求左、右极限。

(2) 判断左、右极限是否相等。

(3) 根据极限存在的充要条件确定分段点处的极限是否存在。

任务 13　函数极限的性质

1. 唯一性

若函数 $f(x)$ 在点 x_0 处的极限存在,设 A 与 B 都是函数 $f(x)$ 在点 x_0 处的极限,则必有 $A=B$。

2. 局部有界性

如果 $\lim\limits_{x \to x_0} f(x)=A$,那么存在常数 $M>0$ 和 $\delta>0$,使当 $0<|x-x_0|<\delta$ 时,有 $|f(x)| \leqslant M$。

3. 局部保号性

如果 $\lim\limits_{x \to x_0} f(x)=A$ 且 $A>0$(或 $A<0$),则存在 $\delta>0$,使当 $0<|x-x_0|<\delta$ 时,有 $f(x)>0$ 或 $f(x)<0$。

4. 夹逼定理

如果对 x_0 的某一去心邻域内的一切 x,都有:① $g(x) \leqslant f(x) \leqslant h(x)$;② $\lim\limits_{x \to x_0} g(x)=A$,$\lim\limits_{x \to x_0} h(x)=A$(见图 4-5),则

$$\lim_{x \to x_0} f(x)=A$$

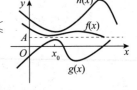

图　4-5

【例 4-5】　已知三个函数满足 $g(x) \leqslant f(x) \leqslant h(x)$,$g(x)=1$,$\lim\limits_{x \to 2} h(x)=1$,求 $\lim\limits_{x \to 2} f(x)$。

解:因为 $g(x) \leqslant f(x) \leqslant h(x)$ 且 $\lim\limits_{x \to 2} g(x)=\lim\limits_{x \to 2} h(x)=1$,所以,由夹逼定理可知 $\lim\limits_{x \to 2} f(x)=1$。

练　习　题

A 组

1. 计算下列极限。

(1) $\lim\limits_{x \to 3} 2x^2$　　　　(2) $\lim\limits_{x \to \pi} \cos 2x$　　　　(3) $\lim\limits_{x \to 0} 10$　　　　(4) $\lim\limits_{x \to \infty} \dfrac{1}{x}$

2. 设函数 $f(x)=\begin{cases} x-3 & (x<0) \\ 0 & (x=0) \\ 2^x & (x>0) \end{cases}$,则 $\lim\limits_{x \to 0} f(x)=$_____。

B 组

1. 设函数 $f(x)=\begin{cases} x^2+1 & (x<0) \\ 2 & (x=0) \\ x+k & (x>0) \end{cases}$ 在 $x=0$ 处有极限,则 $k=$_____。

2. 设 $g(x) \leqslant f(x) \leqslant h(x)$,$g(x)=1$,$h(x)=\cos x$,则 $\lim\limits_{x \to 0} f(x)=$_____。

模块 5　函数极限的基本运算

任务 14　函数极限的四则运算

设 $\lim f(x)$，$\lim g(x)$ 存在，则

(1) $\lim[f(x) \pm g(x)] = \lim f(x) \pm \lim g(x)$

(2) $\lim[f(x) \cdot g(x)] = \lim f(x) \cdot \lim g(x)$

(3) $\lim \dfrac{f(x)}{g(x)} = \dfrac{\lim f(x)}{\lim g(x)} [\lim g(x) \neq 0]$

【例 5-1】　计算 $\lim\limits_{x \to 0}(x + 2x^2 + 1)$。

解： 由题意可知

$$\lim_{x \to 0}(x + 2x^2 + 1) = \lim_{x \to 0} x + \lim_{x \to 0} 2x^2 + \lim_{x \to 0} 1 = 1$$

【例 5-2】　下列计算中错误的是(　　)。

A. $\lim\limits_{x \to 0}\left(2x + \dfrac{3}{x}\right) = \lim\limits_{x \to 0} 2x + \lim\limits_{x \to 0} \dfrac{3}{x}$ 　　B. $\lim\limits_{x \to \frac{\pi}{2}}(\cos x \cdot \sin x) = \lim\limits_{x \to \frac{\pi}{2}} \cos x \cdot \lim\limits_{x \to \frac{\pi}{2}} \sin x$

C. $\lim\limits_{x \to 3} \dfrac{3}{x-2} = \dfrac{\lim\limits_{x \to 3} 3}{\lim\limits_{x \to 3}(x-2)}$ 　　D. $\lim\limits_{x \to 2} \dfrac{3}{x^2 - x - 2} = \dfrac{\lim\limits_{x \to 3} 3}{\lim\limits_{x \to 2}(x^2 - x - 2)}$

解： 因为 $\lim\limits_{x \to 0} \dfrac{3}{x}$ 不存在，不能运用四则运算法则，故选 A。

规律方法

(1) 仅当各函数的极限都存在时，才能运用相应的四则运算法则。

(2) 与除法相关的极限计算必须满足分母的极限不为零。

任务 15　复合函数极限的计算

复合函数 $y = g[f(x)]$ 的极限 $\lim\limits_{x \to x_0} g[f(x)]$，则

(1) 若 $\lim\limits_{x \to x_0} f(x) = y_0$,且 $\lim\limits_{y \to y_0} g(y) = a$,则 $\lim\limits_{x \to x_0} g[f(x)] = g\left[\lim\limits_{x \to x_0} f(x)\right] = a$;

(2) 若 $\lim\limits_{x \to x_0} f(x) = a$,且 $\lim\limits_{x \to x_0} g(x) = b$,则 $\lim\limits_{x \to x_0} f(x)^{g(x)} = a^b$ 。

【例 5-3】 计算下列极限。

(1) $\lim\limits_{x \to 0} e^{\cos x}$

(2) $\lim\limits_{x \to 2} (x^2 + 1)^{2x}$

解:

(1) $\lim\limits_{x \to 0} e^{\cos x} = e^{\lim\limits_{x \to 0} \cos x} = e$ 。

(2) 因为 $\lim\limits_{x \to 2} 2x = 4$, $\lim\limits_{x \to 2} (x^2 + 1) = 5$,所以 $\lim\limits_{x \to 2} (x^2 + 1)^{2x} = 5^4 = 625$ 。

练 习 题

A 组

计算下列极限。

(1) $\lim\limits_{x \to -1} (3x e^{2x})$

(2) $\lim\limits_{x \to 9} (512 - 2^x)$

(3) $\lim\limits_{x \to 0} \dfrac{2x^2 - 99}{\cos x}$

(4) $\lim\limits_{x \to 1} \dfrac{2x + 4}{x^3 + 2}$

(5) $\lim\limits_{x \to 0} \dfrac{3}{\sqrt{1+x} + 1}$

(6) $\lim\limits_{x \to 3} \dfrac{\log_3 (x - 2)}{x}$

B 组

计算下列极限。

(1) $\lim\limits_{x \to 0} e^{\sin 2x}$

(2) $\lim\limits_{x \to 1} 3^{\frac{x^2 + 1}{2x}}$

(3) $\lim\limits_{x \to 0} (\cos x)^2$

模块 6　无穷小与无穷大

学习要求

(1) 理解无穷大与无穷小的定义,并能够在具体问题中做出准确判断。

(2) 掌握无穷小的性质,并能够利用其性质快速计算极限。

(3) 掌握无穷小比较的方法。

(4) 掌握常见的几类等价无穷小。

(5) 能够准确利用等价无穷小计算两个无穷小相除的极限。

任务 16　无穷小的定义与性质

1. 无穷小的定义

当 $x \to x_0$(或 $x \to \infty$)时,变量 $f(x)$ 的极限为 0,则称变量 $f(x)$ 为 $x \to x_0$(或 $x \to \infty$)时的无穷小量,简称无穷小。

理解提示

(1) 无穷小是变量。

(2) 无穷小是与变化过程联系起来的,不能单独说某个变量为无穷小量。

(3) 常数 0 不是无穷小量。

(4) 无穷小量对数列也适用。

【例 6-1】 当 $x \to 0$ 时,下列变量中为无穷小的是(　　　)。

A. e^x 　　　　　　B. $\ln x$ 　　　　　　C. $\sin 2x$ 　　　　　　D. $x+1$

解:因为 $\lim\limits_{x \to 0} \sin 2x = 0$,所以,当 $x \to 0$ 时,$\sin 2x$ 是无穷小,故选 C。

2. 无穷小的性质

性质 1:有限个无穷小的代数和为无穷小。

性质 2:有限个无穷小的积为无穷小。

理解提示

仅适用于有限个的情况,若为无限个,上述两个性质不一定成立。

推论:常数与无穷小的积为无穷小。

性质 3:有界变量与无穷小的积为无穷小。

【例 6-2】 求极限 $\lim\limits_{x \to 0} x\cos\dfrac{1}{2x}$。

解: 因为 $\cos\dfrac{1}{2x}$ 为有界变量，且 $\lim\limits_{x \to 0} x=0$，即当 $x \to 0$ 时，x 为无穷小，所以 $\lim\limits_{x \to 0} x\cos\dfrac{1}{2x}=0$。

【例 6-3】 求极限 $\lim\limits_{x \to \infty}\dfrac{\arctan(3x+2)}{x^3}$。

解:
$$\lim_{x \to \infty}\frac{\arctan(3x+2)}{x^3}=\lim_{x \to \infty}\left[\frac{1}{x^3} \cdot \arctan(3x+2)\right]$$

因为 $\arctan(3x+2)$ 为有界变量，$\lim\limits_{x \to \infty}\dfrac{1}{x^3}=0$，所以 $\lim\limits_{x \to \infty}\dfrac{\arctan(3x+2)}{x^3}=0$。

规律方法

性质 3 适用于下列特征的极限计算。

(1) 适用于乘积的极限计算，且有一个函数的极限不存在，不能用极限四则运算的情况。

(2) 满足一个为有界变量，另一个为无穷小，即"0·有界变量"=0。

(3) 若为两个因式是分式的形式且含有界变量，可以把分式变为乘积的形式。

任务 17　无穷大的定义

若 $x \to x_0$（或 $x \to \infty$）时，函数 $f(x)$ 的绝对值 $|f(x)|$ 无限增大，则称函数 $f(x)$ 为 $x \to x_0$（或 $x \to \infty$）时的无穷大量，简称无穷大。

其中，若 $x \to x_0$（或 $x \to \infty$）时，函数 $f(x)$ 无限增大，则称函数 $f(x)$ 为 $x \to x_0$（或 $x \to \infty$）时的正无穷大量，简称正无穷大。

若 $x \to x_0$（或 $x \to \infty$）时，函数 $f(x)$ 无限减小，则称函数 $f(x)$ 为 $x \to x_0$（或 $x \to \infty$）时的负无穷大量，简称负无穷大。

理解提示

(1) 无穷大是变量，而非常量。

(2) 无穷大是与变化过程联系在一起的，不能单独说某个变量为无穷大量。

(3) 无穷大分析的是变量绝对值变化，正(负)无穷大量分析的是变量本身变化。

【例 6-4】 当 $x \to 0$，$x \to 0^+$，$x \to 0^-$ 时，讨论函数 $y=\dfrac{1}{x}$ 的无穷大情况。

解: 函数 $y=\dfrac{1}{x}$ 的图象如图 6-1 所示，结合图象可知：

（1）当 $x \to 0^+$ 时，函数 $y = \dfrac{1}{x}$ 无限增大，所以，当 $x \to 0^+$ 时，

函数 $y = \dfrac{1}{x}$ 为正的无穷大量；

（2）当 $x \to 0^-$ 时，函数 $y = \dfrac{1}{x}$ 无限减小，所以，当 $x \to 0^-$ 时，

函数 $y = \dfrac{1}{x}$ 为负的无穷大量；

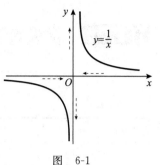

图　6-1

（3）当 $x \to 0$ 时，函数 $|y| = \left| \dfrac{1}{x} \right|$ 无限增大，所以，当 $x \to 0$

时，函数 $|y| = \left| \dfrac{1}{x} \right|$ 为无穷大量。

任务 18　无穷小的比较

设在同一个变化过程中，有 $\lim \alpha = 0$，$\lim \beta = 0$，$\lim \dfrac{\alpha}{\beta} = c$（$c$ 为常数），则

（1）当 $c = 0$ 时，称 α 是 β 的高阶无穷小，记作 $\alpha = o(\beta)$（此时，也称 β 是 α 的低阶无穷小）；

（2）当 $c \neq 0$ 时，称 α 是 β 的同阶无穷小；

（3）当 $c = 1$ 时，称 α 是 β 的等价无穷小，记作 $\alpha \sim \beta$。

理解提示

高阶无穷小与低阶无穷小不能随意调换顺序。

【例 6-5】 当 $x \to 0$ 时，（　　）是 $\sqrt{x}$ 的高阶无穷小。

A. $\sqrt{x^3}$ 　　　　B. $\dfrac{1}{x}$ 　　　　C. $2x^{\frac{1}{2}}$ 　　　　D. $x^{\frac{1}{3}}$

解：由题意可知，$\lim\limits_{x \to 0} \dfrac{\sqrt{x^3}}{\sqrt{x}} = \lim\limits_{x \to 0} \sqrt{x^2} = 0$，所以 $\sqrt{x^3}$ 是 $\sqrt{x}$ 的高阶无穷小，故选 A。

而 $\lim\limits_{x \to 0} \dfrac{2x^{\frac{1}{2}}}{\sqrt{x}} = \lim\limits_{x \to 0} 2 = 2$，所以 $2x^{\frac{1}{2}}$ 是 $\sqrt{x}$ 的同阶非等价无穷小。

$\lim\limits_{x \to 0} \dfrac{\dfrac{1}{x}}{\sqrt{x}} = \lim\limits_{x \to 0} x^{-\frac{3}{2}} = \infty$，该极限不存在。同理，$\lim\limits_{x \to 0} \dfrac{x^{\frac{1}{3}}}{\sqrt{x}} = \lim\limits_{x \to 0} x^{-\frac{1}{6}} = \infty$。

规律方法

在分析高阶无穷小或低阶无穷小时，都是分析极限值为 0。其中，高阶无穷小是之后的变量在分母，低阶无穷小是之后的变量在分子。

任务 19　常见的等价无穷小

当 $x \to 0$ 时，常见的等价无穷小如表 6-1 所示。

表 6-1

项　目	举例 1	举例 2
三角组合	$\sin x \sim x$	$\tan x \sim x$
反三角组合	$\arcsin x \sim x$	$\arctan x \sim x$
指对组合	$e^x - 1 \sim x$	$\ln(1+x) \sim x$
经典等价	$\sqrt{1+x} - 1 \sim \dfrac{x}{2}$	$1 - \cos x \sim \dfrac{x^2}{2}$

理解提示

若 $x \to 0$ 时，将 x 换为其余变量 $\triangle$，当 $\triangle \to 0$ 时，上述等价无穷小仍然成立。例如，当 $x \to 0$ 时，$\sin 3x \sim 3x$。

【例 6-6】 当 $x \to 0$ 时，$e^{x^2} - 1 \sim$ _____。

解：当 $x \to 0$ 时，$x^2 \to 0$，所以，当 $x \to 0$ 时，$e^{x^2} - 1 \sim x^2$。

【例 6-7】 当 $x \to 0$ 时，$\ln(1-2x) \sim$ _____。

解：当 $x \to 0$ 时，$-2x \to 0$，而 $\ln(1-2x) = \ln[1+(-2x)]$，所以，当 $x \to 0$ 时，$\ln(1-2x) \sim -2x$。

【例 6-8】 当 $x \to 0$ 时，$1 - \sqrt{1-2x} \sim$ _____。

解：当 $x \to 0$ 时，$-2x \to 0$，而 $1 - \sqrt{1-2x} = -(\sqrt{1-2x} - 1) = -[\sqrt{1+(-2x)} - 1]$，所以，当 $x \to 0$ 时，$1 - \sqrt{1-2x} \sim -\left(\dfrac{-2x}{2}\right) = x$。

任务 20　等价无穷小的应用

定理：在同一极限过程中，若 $\alpha \sim \alpha'$，$\beta \sim \beta'$，那么

(1) 当 $\lim \dfrac{\alpha'}{\beta'}$ 存在，则 $\lim \dfrac{\alpha}{\beta} = \lim \dfrac{\alpha'}{\beta'}$；

(2) 当 $\lim \dfrac{\alpha'}{\beta'} = \infty$，则 $\lim \dfrac{\alpha}{\beta} = \infty$。

理解提示

该定理可以用于两个无穷小相除的极限计算。

【例 6-9】 计算极限 $\lim\limits_{x \to 0} \dfrac{\sin x}{\ln(1+2x)}$。

解：
$$\lim_{x \to 0} \frac{\sin x}{\ln(1+2x)} = \lim_{x \to 0} \frac{x}{2x} = \frac{1}{2}$$

【例 6-10】　计算极限 $\lim\limits_{x \to 0} \dfrac{2x \sin x}{e^{x^2} - 1}$。

解：
$$\lim_{x \to 0} \frac{2x \sin x}{e^{x^2} - 1} = \lim_{x \to 0} \frac{2x \cdot x}{x^2} = 2$$

【例 6-11】　计算极限 $\lim\limits_{x \to 0} \dfrac{\tan x - \sin x}{x}$。

解：
$$\lim_{x \to 0} \frac{\tan x - \sin x}{x} = \lim_{x \to 0} \frac{\sin x \left(\dfrac{1}{\cos x} - 1 \right)}{x} = \lim_{x \to 0} \frac{\sin x (1 - \cos x)}{x \cos x} = \lim_{x \to 0} \frac{x \cdot \dfrac{1}{2} x^2}{x \cos x} = 0$$

说明：不能将分子 $\tan x - \sin x$ 直接替换为 $x - x$。

> **规律方法**
>
> （1）两个无穷小相除的极限，分子或分母都可用各自的等价无穷小来替换，常常称为等价无穷小的因子替换。
>
> （2）在等价无穷小因子替换过程中，只适用于因子之间是乘积或相除的形式，可以局部替换，也可以整体替换，而对加减号连接的各部分不能单独替换。

练　习　题

A 组

1.当 $x \to$ (　　) 时，$f(x) = \ln(1+x)$ 是无穷小。

　　A. 1　　　　　　　B. 0　　　　　　　C. $+\infty$　　　　　　　D. $(-1)^+$

2.当 $x \to \infty$ 时，下列函数中为无穷小的是(　　)。

　　A. e^{2x}　　　　　　B. $\ln x$　　　　　　C. $\sin x$　　　　　　D. $\dfrac{1}{1+x^2}$

3.设 $f(x) = e^{-x^2} - 1$，$g(x) = x \tan x$，则当 $x \to 0$ 时，$g(x)$ 是 $f(x)$ 的(　　)无穷小。

　　A. 高阶　　　　　　B. 低阶　　　　　　C. 同阶非等价　　　　　　D. 等价

4.当 $x \to 0$ 时，$2x + a \sin x$ 与 x 是等价无穷小，则常数 $a = $ _____。

5.计算下列极限。

　　(1) $\lim\limits_{x \to 0} x^2 \sin \dfrac{1}{x}$　　　　　　　　　　　　　　(2) $\lim\limits_{x \to 0} x \cos \dfrac{1}{8x}$

B 组

1.已知 $f(x) = 1 - \dfrac{\sin x}{x}$，若 $f(x)$ 为无穷小量，则 $x \to$ (　　)。

　　A. $+\infty$　　　　　　B. $-\infty$　　　　　　C. 1　　　　　　　D. 0

2.当 $x \to 1$ 时,无穷小量 $e - e^x$ 与 $x - 1$ 比较是(　　)无穷小。

    A. 高阶　　　　　　B. 低阶　　　　　　C. 同阶非等价　　　D. 等价

3.当 $n \to \infty$ 时,与 $\sin^2 \dfrac{1}{n^2}$ 是等价无穷小的是(　　)。

    A. $\ln \dfrac{1}{n^2}$　　　　B. $\ln\left(1 + \dfrac{1}{n^2}\right)$　　　C. $\ln\left(1 + \dfrac{1}{n^4}\right)$　　　D. $\ln\left(1 + \dfrac{1}{n^2}\right)^2$

4.计算下列极限。

  (1) $\lim\limits_{x \to \infty} \dfrac{\arctan 2x}{x}$

                                           (2) $\lim\limits_{x \to \infty} \dfrac{2\cos(2x + 1)}{x^{10}}$

模块 7　常见的经典极限

(1) 掌握两类重要极限的特征,并能够求解相关的极限。

(2) 掌握 $\lim \dfrac{f(x)}{g(x)}$ 类型的极限在不同情况下的计算方法。

(3) 能够逆向应用 $\lim \dfrac{f(x)}{g(x)}$ 类型极限的结论求参数值。

任务 21　两类重要极限

1. 第一类重要极限

极限表达式的统一类型:

$$\lim_{\triangle \to 0} \frac{\sin\triangle}{\triangle} = 1 \quad (\triangle\ 为同一变量)$$

理解提示

第一类重要极限满足下列两个条件:

(1) 当 $\triangle \to 0$ 的极限;

(2) 表达式为 $\dfrac{\sin\triangle}{\triangle}$ 或 $\dfrac{\triangle}{\sin\triangle}$ 均可。

【例 7-1】　计算极限 $\lim\limits_{x\to 0} \dfrac{\sin 2x}{x}$。

解:
$$\lim_{x\to 0}\frac{\sin 2x}{x} = \lim_{x\to 0}\frac{2\sin 2x}{2x} = 2\lim_{x\to 0}\frac{\sin 2x}{2x} = 2$$

【例 7-2】　计算极限 $\lim\limits_{x\to 0} \dfrac{\sin^2 3x}{x^2}$。

解:
$$\lim_{x\to 0}\frac{\sin^2 3x}{x^2} = \lim_{x\to 0}\left(\frac{\sin 3x}{x}\right)^2 = \lim_{x\to 0}\left(\frac{3\sin 3x}{3x}\right)^2 = \left(\lim_{x\to 0}\frac{3\sin 3x}{3x}\right)^2 = 9$$

【例 7-3】　计算极限 $\lim\limits_{n\to\infty} n\sin\dfrac{\pi}{n}$。

解: 令 $t = \dfrac{1}{n}$,则 $t\to 0$,所以

$$\lim_{n\to\infty} n\sin\frac{\pi}{n} = \lim_{t\to 0}\frac{\sin\pi t}{t} = \lim_{t\to 0}\frac{\pi\sin\pi t}{\pi t} = \pi$$

2. 第二类重要极限

极限表达式的统一类型为

$$\lim_{\triangle \to \infty}\left(1+\frac{1}{\triangle}\right)^{\triangle}=e \quad (\triangle \text{ 为同一变量})$$

理解提示

(1) 当 $\triangle \to \infty$ 的极限。

(2) 表达式为 $\left(1+\frac{1}{\triangle}\right)^{\triangle}$,隐含"1 +""分子为 1""分母与幂次位置相同"。

(3) 推广: $\lim\limits_{\triangle \to \infty}(1+\triangle)^{\frac{1}{\triangle}}=e$,即当 $\triangle \to \infty$ 或 $\triangle \to 0$ 时的极限表达式为 $(1+0)^{\infty}$。

证明:当 $\triangle \to \infty$ 时, $\frac{1}{\triangle} \to 0$,故有 $\ln\left(1+\frac{1}{\triangle}\right) \sim \frac{1}{\triangle}$,则

$$\lim_{\triangle \to \infty}\left(1+\frac{1}{\triangle}\right)^{\triangle}=\lim_{\triangle \to \infty}e^{\ln\left(1+\frac{1}{\triangle}\right)^{\triangle}}=\lim_{\triangle \to \infty}e^{\triangle\ln\left(1+\frac{1}{\triangle}\right)}=\lim_{\triangle \to \infty}e^{\triangle \cdot \frac{1}{\triangle}}=e$$

理解提示

上述推理思路可用于求 $f(x)^{g(x)}$ 类型的极限。

【例 7-4】 计算极限 $\lim\limits_{x \to \infty}\left(1-\frac{1}{x}\right)^{-x}$。

解:

$$\lim_{x \to \infty}\left(1-\frac{1}{x}\right)^{-x}=\lim_{x \to \infty}\left(1+\frac{1}{-x}\right)^{-x}=e$$

【例 7-5】 计算极限 $\lim\limits_{x \to \infty}\left(1+\frac{1}{2x}\right)^{3x}$。

解:

$$\lim_{x \to \infty}\left(1+\frac{1}{2x}\right)^{3x}=\lim_{x \to \infty}\left[\left(1+\frac{1}{2x}\right)^{3x \times \frac{2}{3}}\right]^{\frac{3}{2}}=\left[\lim_{x \to \infty}\left(1+\frac{1}{2x}\right)^{2x}\right]^{\frac{3}{2}}=e^{\frac{3}{2}}$$

【例 7-6】 计算极限 $\lim\limits_{x \to \infty}\left(1+\frac{1}{x-1}\right)^{x}$。

解: $\lim\limits_{x \to \infty}\left(1+\frac{1}{x-1}\right)^{x}=\lim\limits_{x \to \infty}\left(1+\frac{1}{x-1}\right)^{(x-1) \cdot \frac{x}{x-1}}=\lim\limits_{x \to \infty}\left[\left(1+\frac{1}{x-1}\right)^{x-1}\right]^{\frac{x}{x-1}}=e^{\lim\limits_{x \to \infty}\frac{x}{x-1}}=e$

【例 7-7】　计算极限 $\lim\limits_{x \to 0}(1+2x)^{\frac{1}{x}}$。

解：令 $t = \dfrac{1}{x}$，则 $t \to \infty$，$x = \dfrac{1}{t}$，所以

$$\lim_{x \to 0}(1+2x)^{\frac{1}{x}} = \lim_{t \to \infty}\left(1+\frac{2}{t}\right)^{t} = \lim_{t \to \infty}\left(1+\frac{1}{\frac{1}{2}t}\right)^{t} = \lim_{t \to \infty}\left(1+\frac{1}{\frac{t}{2}}\right)^{\frac{t}{2} \times 2} = e^{2}$$

【例 7-8】　求极限 $\lim\limits_{x \to +\infty}\left(\sin\dfrac{2}{x}+1\right)^{2x}$。

解：　$\lim\limits_{x \to +\infty}\left(\sin\dfrac{2}{x}+1\right)^{2x} = \lim\limits_{x \to +\infty} e^{\ln\left(\sin\frac{2}{x}+1\right)^{2x}} = \lim\limits_{x \to +\infty} e^{2x\ln\left(\sin\frac{2}{x}+1\right)} = e^{\lim\limits_{x \to +\infty} 2x\ln\left(\sin\frac{2}{x}+1\right)}$

$$= e^{\lim\limits_{x \to +\infty} 2x \cdot \sin\frac{2}{x}} = e^{2 \cdot \lim\limits_{x \to +\infty} x \cdot \sin\frac{2}{x}} = e^{2\lim\limits_{x \to +\infty}\frac{2\sin\frac{2}{x}}{\frac{2}{x}}} = e^{4}$$

规律方法

　　形如 $\lim f(x)^{g(x)}$ 的计算，若 $f(x)$ 有等价无穷小，则考虑取 $e^{\ln f(x)^{g(x)}}$ 即可。

任务 22　形如 $\lim\dfrac{f(x)}{g(x)}$ 的计算

1. 形如 $\lim\limits_{x \to x_0}\dfrac{f(x)}{g(x)}$ $[f(x), g(x)$ 仅含 x 的多项式$]$

理解提示

　　计算极限 $\lim\limits_{x \to x_0}\dfrac{f(x)}{g(x)}$ 时，事先验证 $\lim\limits_{x \to x_0} g(x)$ 是否为 0。

　　(1) 若 $\lim\limits_{x \to x_0} g(x) \neq 0$，直接利用运算法则。

　　(2) 若 $\lim\limits_{x \to x_0} g(x) = 0$，先对 $\dfrac{f(x)}{g(x)}$ 化简，再进行极限计算。

【例 7-9】　计算极限 $\lim\limits_{x \to 2}\dfrac{4x^2-7}{x^3-5x+3}$。

解：　$$\lim_{x \to 2}\frac{4x^2-7}{x^3-5x+3} = \frac{\lim\limits_{x \to 2}(4x^2-7)}{\lim\limits_{x \to 2}(x^3-5x+3)} = 9$$

【例 7-10】　计算极限 $\lim\limits_{x \to 3}\dfrac{x^2-5x+6}{x^2-9}$。

解：　$$\lim_{x \to 3}\frac{x^2-5x+6}{x^2-9} = \lim_{x \to 3}\frac{(x-3)(x-2)}{(x-3)(x+3)} = \lim_{x \to 3}\frac{(x-2)}{(x+3)} = \frac{1}{6}$$

【例 7-11】　计算极限 $\lim\limits_{x \to -1}\left(\dfrac{1}{x+1}-\dfrac{3}{x^3+1}\right)$。

解：
$$\lim_{x \to -1}\left(\frac{1}{x+1}-\frac{3}{x^3+1}\right)$$

$$=\lim_{x \to -1}\frac{x^2-x+1-3}{x^3+1}=\lim_{x \to -1}\frac{x^2-x-2}{x^3+1}=\lim_{x \to -1}\frac{(x+1)(x-2)}{(x+1)(x^2-x+1)}$$

$$=\lim_{x \to -1}\frac{x-2}{x^2-x+1}=-1$$

【例 7-12】 计算极限 $\lim\limits_{x \to 5}\dfrac{x-5}{\sqrt{2x-1}-\sqrt{x+4}}$。

解：
$$\lim_{x \to 5}\frac{x-5}{\sqrt{2x-1}-\sqrt{x+4}}$$

$$=\lim_{x \to 5}\frac{(x-5)(\sqrt{2x-1}+\sqrt{x+4})}{(\sqrt{2x-1}-\sqrt{x+4})(\sqrt{2x-1}+\sqrt{x+4})}=\lim_{x \to 5}\frac{(x-5)(\sqrt{2x-1}+\sqrt{x+4})}{x-5}$$

$$=\lim_{x \to 5}(\sqrt{2x-1}+\sqrt{x+4})=6$$

规律方法

关于 $\dfrac{f(x)}{g(x)}$ 的化简：

(1) 若 $f(x)$，$g(x)$ 为 x 的多项式，考虑因式分解(分子和分母隐含有相同的因式)。

(2) 若 $f(x)$，$g(x)$ 含 x 的根式，考虑有理化(分子或分母含有根式)。

(3) 若为分式相加减，则考虑先通分。

2. 形如 $\lim\limits_{x \to \infty}\dfrac{f(x)}{g(x)}$ [$f(x)$，$g(x)$ 为 x 的多项式]

【例 7-13】 计算极限 $\lim\limits_{x \to \infty}\dfrac{2x^2-3x+2}{5x^2+4x+1}$。

解：令 $t=\dfrac{1}{x}$，则 $x=\dfrac{1}{t}$，当 $x \to \infty$ 时，$t \to 0$，所以

$$\lim_{x \to \infty}\frac{2x^2-3x+2}{5x^2+4x+1}=\lim_{x \to \infty}\frac{2-\dfrac{3}{x}+\dfrac{2}{x^2}}{5+\dfrac{4}{x}+\dfrac{1}{x^2}}=\lim_{t \to 0}\frac{2-3t+2t^2}{5+4t+t^2}=\frac{2}{5}$$

规律方法

(1) 形如 $\lim\limits_{x \to \infty}\dfrac{f(x)}{g(x)}$ 的计算，分子和分母同时除以 x 的最高次幂项，把 $x \to \infty$ 转化为 $\dfrac{1}{x} \to 0$。

(2) 同上可以得出结论，即

$$\lim_{x\to\infty}\frac{a_nx^n+a_{n-1}x^{n-1}+\cdots+a_0}{b_mx^m+b_{m-1}x^{m-1}+\cdots+b_0}=\begin{cases}0 & (n<m)\\[2mm]\dfrac{a_n}{b_m} & (n=m)\\[2mm]\infty & (n>m)\end{cases}$$

3. 形如 $\lim\dfrac{f(x)}{g(x)}$ $[f(x),g(x)$ 为 x 的多项式] 且含参数

【例 7-14】 已知 $\lim\limits_{x\to2}\dfrac{x^2-3x+k}{x-2}$ 存在，则 $k=$ _____。

解： 由题意可知，$\lim\limits_{x\to2}(x^2-3x+k)=0$，即 $\lim\limits_{x\to2}(x^2-3x+k)=k-2=0$，所以 $k=2$。

规律方法

若 $\lim\limits_{x\to x_0}\dfrac{f(x)}{g(x)}=m$（$m$ 为常数）存在 $[f(x),g(x)$ 为 x 的多项式$]$，且 $\lim\limits_{x\to x_0}g(x)=0$，

则 $\lim\limits_{x\to x_0}f(x)=0$。

【例 7-15】 已知 a,b 为常数，且 $\lim\limits_{x\to\infty}\dfrac{ax^2+bx+5}{3x+2}=5$，求 a,b 的值。

解： 由题意可知，$a=0,\dfrac{b}{3}=5$，即 $a=0,b=15$。

规律方法

关于 $\lim\limits_{x\to\infty}\dfrac{a_0x^n+a_1x^{n-1}+\cdots+a_n}{b_0x^m+b_1x^{m-1}+\cdots+b_m}=a$（$a$ 为常数）的运用：

（1）若 a 为非零常数，则 $a=\dfrac{a_0}{b_0}$ 且 $n=m$。

（2）若 a 为零，则 $n<m$。

4. 形如 $\lim\dfrac{f(x)}{g(x)}$ $[f(x),g(x)$ 为 x 的非多项式，且均为无穷小量$]$

【例 7-16】 计算极限 $\lim\limits_{x\to0}\dfrac{1-\cos x}{x\sin x}$。

解：
$$\lim_{x\to0}\frac{1-\cos x}{x\sin x}=\lim_{x\to0}\frac{\frac{1}{2}x^2}{x^2}=\frac{1}{2}$$

【例 7-17】 计算极限 $\lim\limits_{x\to0}\dfrac{\sin x(1-\cos x)}{x^3\cos x}$。

解：

$$\lim_{x\to 0}\frac{\sin x(1-\cos x)}{x^3\cos x}=\lim_{x\to 0}\frac{x\cdot\frac{1}{2}x^2}{x^3\cos x}=\lim_{x\to 0}\frac{\frac{1}{2}}{\cos x}=\frac{1}{2}$$

规律方法

形如 $\lim\dfrac{f(x)}{g(x)}$ [$f(x),g(x)$ 为 x 的非多项式，且均为无穷小量]，通常考虑应用等价无穷小的替换。

练 习 题

A 组

1. 下列等式中成立的是（　　）。

A. $\lim\limits_{x\to\pi}\dfrac{\sin x}{x}=1$ 　　　　　　B. $\lim\limits_{x\to 0}\dfrac{1}{x}\sin x=0$

C. $\lim\limits_{x\to\infty}\dfrac{\sin x}{x}=1$ 　　　　　　D. $\lim\limits_{x\to\infty}x\sin\dfrac{1}{x}=1$

2. 计算下列极限。

(1) $\lim\limits_{x\to 0}\dfrac{\sin 5x}{2x}$ 　　(2) $\lim\limits_{x\to\infty}2x\sin\dfrac{1}{3x}$ 　　(3) $\lim\limits_{x\to 0}\dfrac{x^2}{\sin^2\frac{x}{5}}$

(4) $\lim\limits_{x\to 1}\dfrac{\sin(x-1)}{x-1}$ 　　(5) $\lim\limits_{x\to\infty}\left(1-\dfrac{1}{2x}\right)^x$ 　　(6) $\lim\limits_{x\to\infty}\left(1+\dfrac{3}{x}\right)^x$

3. 计算下列极限。

(1) $\lim\limits_{n\to\infty}\left(\dfrac{1}{n}\sin n-n\sin\dfrac{1}{n}\right)$ 　　(2) $\lim\limits_{n\to\infty}\left(1-\dfrac{3}{n}\right)^{2n}$

4. 计算极限 $\lim\limits_{x\to 0}(1-3x)^{\frac{1}{x}}$。

5. 计算极限 $\lim\limits_{x\to\infty}\left(1-\dfrac{100}{x}\right)^{3x+100}$。

6. 计算下列极限。

(1) $\lim\limits_{x\to -1}\dfrac{2x^2+x-4}{3x^2+2}$ 　　(2) $\lim\limits_{x\to 4}\dfrac{x^2-7x+12}{x^2-5x+4}$

(3) $\lim\limits_{x\to 1}\left(\dfrac{3}{1-x^3}-\dfrac{1}{1-x}\right)$ 　　(4) $\lim\limits_{x\to 1}\dfrac{\sqrt{5x-4}-\sqrt{x}}{x-1}$

7. 计算下列极限。

(1) $\lim\limits_{x\to\infty}\dfrac{3x+2}{4x^2+3x+5}$ 　　(2) $\lim\limits_{x\to\infty}\dfrac{7x^5+3}{2x^3+x^2-1}$

8.计算下列极限。

(1) $\lim\limits_{x\to0}\dfrac{e^{2x}-1}{\tan3x}$ 　　　(2) $\lim\limits_{x\to0}\dfrac{\ln(1-x)}{\sqrt{1-2x}-1}$ 　　　(3) $\lim\limits_{x\to0}\dfrac{\sin x}{\cos2x-1}$

9.已知 a,b 为常数, $\lim\limits_{x\to2}\dfrac{ax+b}{x-2}=2$,求 a,b 的值。

10.设 $\lim\limits_{x\to1}\dfrac{x^3+ax-2}{x^2-1}=2$,求 a 的值。

11.若 $\lim\limits_{n\to\infty}\left(\dfrac{kn^2+2n}{n}+a\right)=2(k,a$ 为常数),求 a 的值。

B 组

1.已知 $\lim\limits_{x\to2}\dfrac{x^2+ax+b}{x^2-x-2}=2$,则(　　　)。

　　A. $a=-8,b=2$ 　　　　　　　　B. $a=-8,b$ 为任意值

　　C. $a=2,b=-8$ 　　　　　　　　D. a,b 均为任意值

2.若极限 $\lim\limits_{x\to0}\dfrac{2\sin kx}{3x}=\dfrac{3}{2}$,求 k 的值。

3.计算极限 $\lim\limits_{x\to+\infty}2^x\sin\dfrac{1}{2^x}$ 。

4.计算极限 $\lim\limits_{x\to\infty}\left(\dfrac{x+1}{x-1}\right)^x$ 。

5.计算极限 $\lim\limits_{n\to\infty}\left(\dfrac{n+1}{n}\right)^{n-2}$ 。

6.计算极限 $\lim\limits_{x\to\infty}\left(\dfrac{5x+2}{5x+3}\right)^{x+4}$ 。

7.计算极限 $\lim\limits_{x\to0^+}(x+1)^{\tan x}$ 。

8.计算极限 $\lim\limits_{x\to0}\dfrac{\sin4x}{\sqrt{x+2}-\sqrt{2}}$ 。

9.设 a,b 为常数,若 $\lim\limits_{x\to\infty}\left(\dfrac{ax^2}{x+1}+bx\right)=2$,求 $a+b$ 的值。

模块 8   函数的连续性

（1）理解函数的连续性的定义，并能够利用定义判断函数在某点处的连续性。

（2）掌握函数的连续性的性质，并能够利用闭区间上函数连续性的性质求参数。

（3）掌握函数的间断点的分类方法。

任务 23   函数的连续性的定义与性质

1. 函数的连续性的定义

函数 $y=f(x)$ 从点 x_0 处增加到 x 时，自变量的增量 $\Delta x=x-x_0$，对应的因变量增量 $\Delta y=f(x)-f(x_0)$，如图 8-1 所示。

设函数 $y=f(x)$ 在点 x_0 的某领域内有定义，若满足

$$\lim_{\Delta x \to 0} \Delta y = 0 \quad [\text{等价写法为} \lim_{x \to x_0} f(x)=f(x_0)]$$

则称函数 $f(x)$ 在点 x_0 处连续。

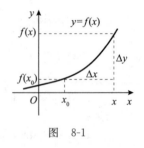

图 8-1

理解提示

由以上定义可知，函数 $f(x)$ 在点 x_0 处连续，必须同时满足以下三个条件：

（1）$f(x)$ 在点 x_0 的一个邻域内有定义；

（2）$\lim_{x \to x_0} f(x)$ 存在；

（3）上述极限值与函数值 $f(x_0)$ 相等。

【例 8-1】 设函数 $f(x)=\begin{cases} x+\dfrac{1}{2} & (x>0) \\[2mm] \dfrac{1}{2-x} & (x<0) \\[2mm] 1 & (x=0) \end{cases}$，讨论该函数在 $x=0$ 处的连续性。

解：因为 $f(0)=1$，而 $\lim_{x \to 0^-} f(x)=\lim_{x \to 0^-} \dfrac{1}{2-x}=\dfrac{1}{2}$，$\lim_{x \to 0^+} f(x)=\lim_{x \to 0^+}\left(x+\dfrac{1}{2}\right)=\dfrac{1}{2}$，所以，$\lim_{x \to 0} f(x)=\dfrac{1}{2}$。

易知 $\lim_{x \to 0} f(x) \neq f(0)$，所以 $f(x)$ 在 $x=0$ 处不连续。

规律方法

判断函数连续性的基本思路如下。

（1）先判断函数在分析点处是否有定义。

（2）求函数在分析点处的极限值与函数值。

（3）判断函数值与上述极限值是否相等。

2. 函数的连续性的性质

（1）若函数 $f(x)$ 和 $g(x)$ 在点 x_0 处连续，则经四则运算之后得到的函数在点 x_0 处连续。

（2）若函数 $u=g(x)$ 在点 x_0 处连续，对应的 $y=f(u)$ 在点 u_0 处也连续，则复合函数 $y=f[g(x)]$ 在点 x_0 处连续。

（3）基本初等函数在其定义域内为连续函数。

（4）初等函数在其定义区间内为连续函数。

（5）若函数 $f(x)$ 在点 x_0 处连续，则 $\lim\limits_{x \to x_0} f(x)=f(x_0)$。

【例 8-2】 已知函数 $f(x)=\begin{cases} x+m & (x>0) \\ 1 & (x=0) \\ \dfrac{1}{m-x} & (x<0) \end{cases}$ 在 $x=0$ 处连续，则 $m=$ _____。

解：因为 $f(0)=1$，而 $\lim\limits_{x \to 0^-} f(x)=\lim\limits_{x \to 0^-} \dfrac{1}{m-x}=\dfrac{1}{m}$，$\lim\limits_{x \to 0^+} f(x)=\lim\limits_{x \to 0^+}(x+m)=m$，由题意可知

$$\lim\limits_{x \to 0} f(x)=f(0)$$

即 $m=1$。

规律方法

函数连续性的逆向应用如下。

（1）函数在某区间内连续，则在该区间任意一点都连续。

（2）函数在某点处连续，则在该点处的函数值等于极限值。

函数连续性的逆向应用常用于带参数的函数连续性问题中的参数求值。

任务 24　函数的间断点的定义与分类

1. 函数的间断点的定义

若 $x=x_0$ 不是函数 $f(x)$ 的连续点，则称函数 $f(x)$ 在点 x_0 处间断，且称 x_0 为函数

$f(x)$ 的间断点。

理解提示

由定义可知,寻找函数间断点的思路如下。

(1) 找函数 $f(x)$ 在邻域内没有定义的点。

(2) 找函数有定义,但 $\lim\limits_{x \to x_0} f(x)$ 不存在的点。

(3) 找函数有定义,$\lim\limits_{x \to x_0} f(x)$ 存在,但 $\lim\limits_{x \to x_0} f(x)$ 与 $f(x_0)$ 不相等的点。

【例 8-3】 函数 $f(x) = \dfrac{\sqrt{x-4}}{(x+1)(x-5)}$ 有 _____ 个间断点。

解: 由题意可知,当 $(x+1)(x-5)=0$ 时,函数没有定义,得 $x=5$ 或 $x=-1$。

由题意可知,$x-4 \geqslant 0$,即 $x \geqslant 4$,所以该函数的间断点为 $x=5$,即有 1 个间断点。

【例 8-4】 函数 $f(x) = \begin{cases} \sqrt[3]{x} & (x<0) \\ x^2+1 & (x \geqslant 0) \end{cases}$ 的间断点为 $x=$ _____。

解: 由题意可知,$f(x)=\sqrt[3]{x}$ 在 $x<0$ 内连续,且 $f(x)=x^2+1$ 在 $x \geqslant 0$ 内连续,而 $\lim\limits_{x \to 0^-} f(x) = \lim\limits_{x \to 0^-} \sqrt[3]{x} = 0$,$\lim\limits_{x \to 0^+} f(x) = \lim\limits_{x \to 0^+}(x^2+1) = 1$,可知,$\lim\limits_{x \to 0} f(x)$ 不存在。所以,该函数的间断点为 $x=0$。

2. 函数间断点的分类

1) 整体分类

已知 x_0 为函数 $f(x)$ 的间断点,若

(1) $\lim\limits_{x \to x_0^-} f(x)$,$\lim\limits_{x \to x_0^+} f(x)$ 都存在(即左右极限都存在),称 x_0 为第一类间断点;

(2) $\lim\limits_{x \to x_0^-} f(x)$,$\lim\limits_{x \to x_0^+} f(x)$ 不都存在(即左右极限不都存在),称 x_0 为第二类间断点。

【例 8-5】 $x=0$ 为函数 $f(x) = \begin{cases} \dfrac{1}{x} & (x>0) \\ 2 & (x \leqslant 0) \end{cases}$ 的第 _____ 类间断点。

解: 由题意可得,$\lim\limits_{x \to 0^-} f(x) = 2$,$\lim\limits_{x \to 0^+} f(x) = \infty$,所以,$x=0$ 为函数的第二类间断点。

2) 第一类间断点的分类

已知 x_0 为函数 $f(x)$ 的第一类间断点,若

(1) $\lim\limits_{x \to x_0^-} f(x) = \lim\limits_{x \to x_0^+} f(x)$(即左右极限相等),称 x_0 为可去间断点;

(2) $\lim\limits_{x \to x_0^-} f(x) \neq \lim\limits_{x \to x_0^+} f(x)$(即左右极限不相等),称 x_0 为跳跃间断点。

【例 8-6】 $x=1$ 为函数 $f(x) = \begin{cases} x & (x \neq 1) \\ 2 & (x=1) \end{cases}$ 的 _____ 间断点。

解: 由题意可得,$\lim\limits_{x \to 1} f(x) = \lim\limits_{x \to 1} f(x) = 1$,即 $\lim\limits_{x \to 1^-} f(x) = \lim\limits_{x \to 1^+} f(x)$。所以,$x=1$ 为函数的可去间断点。

> **规律方法**
>
> 　　判断函数间断点分类的思路:首先求函数在 $x=x_0$ 处的左右极限,其次看左右极限是否都存在,若都存在,看二者是否相等。

任务 25　闭区间上连续函数的性质

　　有界性: 若函数 $f(x)$ 在闭区间 $[a,b]$ 上连续,则函数 $f(x)$ 在闭区间 $[a,b]$ 上有界。

　　最值性: 若函数 $f(x)$ 在闭区间 $[a,b]$ 上连续,则函数 $f(x)$ 在闭区间 $[a,b]$ 上一定可取得最大值和最小值。

　　零点定理: 若函数 $f(x)$ 在闭区间 $[a,b]$ 上连续,且 $f(a),f(b)$ 异号,则至少存在一点 $\xi \in (a,b)$ 使 $f(\xi)=0$。

> **理解提示**
>
> 　　由零点定理可知, $x=\xi$ 为方程 $f(x)=0$ 的一个根。

【例 8-7】 下列区间中,使方程 $x^3-4x^2+1=0$ 至少有一个实根的是(　　)。

　　A. $[0,1]$　　　　　B. $[1,2]$　　　　　C. $(2,3)$　　　　　D. $[-2,-1]$

　　解: 令 $f(x)=x^3-4x^2+1$,由题意可知, $f(x)$ 在相应区间 $[a,b]$ 内至少存在一个点 ξ 使 $f(\xi)=0$,那么有 $f(a)f(b)<0$。而 $f(0)=1$, $f(1)=-2$,即 $f(0)f(1)<0$,所以答案为 A 选项。

练　习　题

A 组

1.已知函数 $f(x)=\begin{cases} \dfrac{\sin x}{x} & (x>0) \\ x^2+2a & (x\leqslant 0) \end{cases}$ 在 $x=0$ 处连续,则 $a=$(　　)。

　　A. 0　　　　　　　B. 1　　　　　　　C. $\dfrac{1}{2}$　　　　　　　D. 2

2.函数 $f(x)=\dfrac{x-5}{x^2-4}$ 有(　　)个间断点。

　　A. 1　　　　　　　B. 2　　　　　　　C. 3　　　　　　　D. 4

3. $x=1$ 是函数 $f(x)=\begin{cases} x & (x\geqslant 1) \\ \cos\dfrac{\pi}{2}x & (x<1) \end{cases}$ 的(　　)点。

　　A. 可去间断　　　　　　　　　　B. 跳跃间断

　　C. 第二类间断　　　　　　　　　D. 连续

4. 下列方程在区间 $[0,1]$ 上有实根的是（　　）。

    A. $3x^2+x+1=0$ B. $\dfrac{1}{2}x-\tan x-1=0$

    C. $x+\arctan x-1=0$ D. $x-\dfrac{1}{2}+\arctan x=0$

5. 函数 $y=2^{\sqrt{x+1}}$ 的连续区间为 _____。

6. 函数 $f(x)=\arctan(1+x)$ 的连续区间为 _____。

7. 设 $f(x)=\begin{cases} x^2 & (0\leqslant x\leqslant 1) \\ x+1 & (x>1) \end{cases}$，讨论 $f(x)$ 在 $x=1$ 处的连续性。

8. 证明：方程 $x^3+5x^2-2=0$ 在 $(0,1)$ 内至少有一个实根。

思路提示

（1）构造函数（依据证明的方程）。

（2）说明函数在区间内的连续性。

（3）零点定理说明。

B 组

1. 已知 $f(x)=\begin{cases} \dfrac{\sin 2x}{\tan ax} & (x>0) \\ 5e^x+\cos x & (x\leqslant 0) \end{cases}$ 在 $x=0$ 处连续，则 $a=$ _____。

2. 设 $f(x)=\begin{cases} \dfrac{x^2-4}{x-2} & (x\neq 2) \\ 2a & (x=2) \end{cases}$ 为连续函数，则 $a=$ _____。

3. 已知函数 $f(x)=\begin{cases} \dfrac{\sin 2x+e^{2ax}-1}{x} & (x\neq 0) \\ 3a & (x=0) \end{cases}$ 在 $(-\infty,+\infty)$ 内连续，则 $a=$（　　）。

    A. 0   B. 1   C. $\dfrac{1}{2}$ D. 2

4. $x=0$ 是函数 $f(x)=2^{\frac{1}{x}-1}$ 的（　　）点。

    A. 可去间断   B. 跳跃间断   C. 第二类间断   D. 连续

5. $x=1$ 是函数 $f(x)=\dfrac{x^2-1}{x^2-3x+2}$ 的（　　）点。

    A. 可去间断   B. 跳跃间断   C. 第二类间断   D. 连续

6. 函数 $f(x)=\dfrac{1}{\ln|x|}$ 有（　　）个间断点。

    A. 1   B. 2   C. 3   D. 4

7. 判断函数 $f(x)=\begin{cases} \dfrac{x^2-4}{x+2} & (x\neq -2) \\ 4 & (x=-2) \end{cases}$ 在 $x=-2$ 处是否连续。若不连续，应怎样改变

才能使其在 $x = -2$ 处连续?

8.设 $f(x) = \begin{cases} e^x & (x < 0) \\ x^2 + a & (x \geqslant 0) \end{cases}$,求 a 为何值时函数为连续函数。

9.证明:方程 $4x = 2^x$ 在区间 $\left(0, \dfrac{1}{2}\right)$ 内至少有一个实根。

10.设 $f(x)$ 在 $[0,1]$ 上连续,且 $0 < f(x) < 1$,证明:至少存在一点 $c \in (0,1)$,使 $f(c) = c$。

函数极限与连续性巩固练习

一、选择题

1. $\lim\limits_{x \to \infty} \dfrac{1}{3x} \sin 3x = ($)。

    A. 0   B. 1   C. 3   D. ∞

2. 下列变量中，当 $x \to +\infty$ 时为无穷小量的是（ ）。

    A. $y = e^{2x}$ B. $y = \ln x$ C. $y = \sin x$ D. $y = \dfrac{1}{x^2 + 1}$

3. 极限 $\lim\limits_{x \to \infty} \left(1 + \dfrac{1}{2x}\right)^x = ($)。

    A. e B. e^2 C. $e^{\frac{1}{2}}$ D. 1

4. 极限 $\lim\limits_{x \to 0} \dfrac{x^3 + 4x^2 - 5x}{x^2 - x} = ($)。

    A. 5   B. 0   C. -1 D. 4

5. 当 $x \to 0$ 时，$e^{2x} - 1$ 是 $3\sin x$ 的（ ）无穷小量。

    A. 高阶   B. 低阶   C. 同阶   D. 等价

6. $\lim\limits_{x \to x_0^-} f(x) = \lim\limits_{x \to x_0^+} f(x)$ 是 $\lim\limits_{x \to x_0} f(x)$ 存在的（ ）条件。

    A. 充分不必要   B. 必要不充分   C. 充要   D. 无关

7. $x = 0$ 为函数 $f(x) = x^2 \sin \dfrac{1}{x}$ 的（ ）点。

    A. 可去间断   B. 跳跃间断   C. 连续   D. 无穷

8. $\lim\limits_{x \to 3} \dfrac{x^2 - 5x + 6}{x^2 - 9}$ 的极限值是（ ）。

    A. 0   B. $\dfrac{1}{6}$ C. 1   D. ∞

9. 已知函数 $f(x) = \begin{cases} \dfrac{\sin x}{x} & (x < 0) \\ x - 1 & (x \geqslant 0) \end{cases}$，则左极限 $\lim\limits_{x \to 0^-} f(x) = ($)。

    A. -1 B. 0   C. 1   D. ∞

二、填空题

1. 已知极限 $\lim\limits_{x \to 0} \dfrac{\sin ax}{2x} = \dfrac{1}{2}$，则 $a = $ _____。

2. 极限 $\lim\limits_{x \to 2} \dfrac{\sin(x - 2)}{x^2 - 4} = $ _____。

3. 极限 $\lim\limits_{x \to \infty} \dfrac{6x^3 - 2x^2 + 1}{3x^3 + 5x} = $ _____。

4. 若 $\lim\limits_{n \to \infty} \left(\dfrac{n^2 + 2n}{n} + an\right) = 2$，则 $a = $ _____。

5. 极限 $\lim\limits_{x\to0}\dfrac{\sin2x}{\sin4x}=$ _____。

6. 极限 $\lim\limits_{x\to0}\dfrac{\mathrm{e}^{2x}-1}{3\sin x}=$ _____。

7. 已知极限 $\lim\limits_{x\to\infty}\left(1-\dfrac{1}{kx}\right)^{x}=\mathrm{e}^{-1}$，则常数 $k=$ _____。

8. 已知极限 $\lim\limits_{x\to0}\dfrac{1-\mathrm{e}^{kx}}{x}=1(k<0)$，则常数 $k=$ _____。

9. 函数 $f(x)=\begin{cases}\dfrac{\sin kx}{9x} & (x<0)\\ \mathrm{e}^{-6x}+\cos3x & (x\geqslant0)\end{cases}$ 在 $x=0$ 处不连续，则 $k\neq$ _____。

三、计算题(要求写出必要过程)

1. 求极限 $\lim\limits_{x\to\infty}\left(\dfrac{5x+2}{5x+3}\right)^{x+4}$。

2. 计算 $\lim\limits_{x\to0}\dfrac{\tan x}{\sin3x}$。

3. 计算 $\lim\limits_{x\to0}\dfrac{\tan x-\sin x}{x^{3}}$。

4. 已知函数 $f(x)=\begin{cases}\dfrac{\sin4x}{x} & (x>0)\\ x^{2}+x+2a & (x\leqslant0)\end{cases}$ 在 $x=0$ 处连续，求常数 a。

第2部分

导数与微分

模块 9　导数的概念

(1) 理解导数的定义及常见形式,并熟练掌握定义的变换应用。

(2) 掌握导数存在的判断方法。

(3) 掌握函数可导与连续的关系。

(4) 理解导数的几何意义,会求曲线上某点处的切线方程与法线方程。

任务 26　导数的定义

1. 函数在某点处的导数

设函数 $f(x)$ 在点 x_0 的某个邻域内有定义,在点 x_0 处给自变量 x 一个增量 $\Delta x(\Delta x \neq 0)$,相应的函数 y 有增量 $\Delta y = f(x_0 + \Delta x) - f(x_0)$。若

$$\lim_{\Delta x \to 0} \frac{\Delta y}{\Delta x} = \lim_{\Delta x \to 0} \frac{f(x_0 + \Delta x) - f(x_0)}{\Delta x}$$

存在,则称此极限为 $y = f(x)$ 在点 x_0 处的导数,记作 $f'(x_0)$ 或 $y'|_{x=x_0}$,即

$$f'(x_0) = \lim_{\Delta x \to 0} \frac{f(x_0 + \Delta x) - f(x_0)}{\Delta x}$$

若 $\lim_{\Delta x \to 0} \frac{\Delta y}{\Delta x}$ 不存在,则称 $y = f(x)$ 在点 x_0 处不可导。

令 $x = x_0 + \Delta x$ 或 $h = \Delta x$,得到常见导数定义的其他等价表示形式:

$$f'(x_0) = \lim_{x \to x_0} \frac{f(x) - f(x_0)}{x - x_0}$$

或

$$f'(x_0) = \lim_{h \to 0} \frac{f(x_0 + h) - f(x_0)}{h}$$

理解提示

以上三式为导数定义的常见形式,需熟练掌握。

【例 9-1】 若 $f'(2) = -1$,则 $\lim_{h \to 0} \frac{f(2+h) - f(2)}{h} = $ _____ ,$\lim_{x \to 2} \frac{f(x) - f(2)}{x - 2} = $

_____ 。

解:由题意可知,$\lim_{h \to 0} \frac{f(2+h) - f(2)}{h} = f'(2) = -1$,$\lim_{x \to 2} \frac{f(x) - f(2)}{x - 2} = f'(2) = -1$。

【例 9-2】 设 $f(x)$ 在 $x=x_0$ 处可导，且 $\lim\limits_{x \to 0}\dfrac{f(x_0+3x)-f(x_0)}{x}=\dfrac{1}{4}$，则 $f'(x_0)=$ _____。

解：由题意可知，$\lim\limits_{x \to 0}\dfrac{f(x_0+3x)-f(x_0)}{x}=\lim\limits_{x \to 0}\dfrac{3[f(x_0+3x)-f(x_0)]}{3x}=3f'(x_0)=$

$\dfrac{1}{4}$，所以，$f'(x_0)=\dfrac{1}{12}$。

【例 9-3】 设 $f(x)$ 在定义域内可导，且 $\lim\limits_{h \to 0}\dfrac{f(3-h)-f(3+h)}{h}=$ _____ $f'(3)$。

解：

$$
\begin{aligned}
原式 &= -\lim_{h \to 0}\frac{f(3+h)-f(3-h)}{h} \\
&= -\lim_{h \to 0}\frac{f(3+h)-f(3)+f(3)-f(3-h)}{h} \\
&= -\lim_{h \to 0}\left[\frac{f(3+h)-f(3)}{h}+\frac{f(3)+f(3-h)}{h}\right] \\
&= -2f'(3)
\end{aligned}
$$

规律方法

若 $f'(x_0)$ 存在，则 $\lim\limits_{h \to 0}\dfrac{f(x_0+mh)-f(x_0+nh)}{ah}=\dfrac{m-n}{a}f'(x_0)$。

2. 函数在定义域内的导数

若函数 $f(x)$ 在区间 (a,b) 内每一点都可导，则称函数 $f(x)$ 在区间 (a,b) 内可导，此时，区间 (a,b) 内每确定一个 x 值，都对应一个确定的导数值 $f'(x)$，于是确定了一个新的函数，称为函数 $f(x)$ 的导函数，即

$$
f'(x)=\lim_{\Delta x \to 0}\frac{f(x+\Delta x)-f(x)}{\Delta x}, \quad x \in (a,b)
$$

一般情况下，导函数简称导数。

【例 9-4】 利用导函数的定义求函数 $f(x)=x^2-2x$ 的导函数。

解：

$$
\begin{aligned}
f'(x) &= \lim_{\Delta x \to 0}\frac{f(x+\Delta x)-f(x)}{\Delta x}=\lim_{\Delta x \to 0}\frac{[(x+\Delta x)^2-2(x+\Delta x)]-(x^2-2x)}{\Delta x} \\
&= \lim_{\Delta x \to 0}\frac{2x\Delta x+(\Delta x)^2-2\Delta x}{\Delta x} \\
&= 2x-2
\end{aligned}
$$

即 $f'(x)=2x-2$。

规律方法

利用导函数的定义求函数的导函数的思路如下。

（1）求 $\Delta y=f(x+\Delta x)-f(x)$。

（2）求 $\dfrac{\Delta y}{\Delta x}$。

（3）求 $\lim\limits_{\Delta x \to 0} \dfrac{\Delta y}{\Delta x}$。

任务 27 导数存在的判断

1. 函数在点 x_0 处可导的充要条件

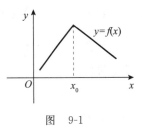

图 9-1

定理：函数 $f(x)$ 在点 x_0 处可导的充要条件为函数 $f(x)$ 在点 x_0 的左右导数存在且相等，即

$$f'_-(x_0) = f'_+(x_0)$$

如图 9-1 所示，函数 $f(x)$ 在 x_0 处不可导。

理解提示

该定理主要用于判断分段函数在分段点处的可导性。

【例 9-5】 分析函数 $f(x) = |x|$ 在 $x = 0$ 处的可导性。

解：因为 $f(x) = |x| = \begin{cases} x & (x \geqslant 0) \\ -x & (x < 0) \end{cases}$，所以 $f'_-(0) = \lim\limits_{x \to 0^-} \dfrac{f(0 + \Delta x) - f(0)}{\Delta x} = -1$，

$f'_+(0) = \lim\limits_{x \to 0^+} \dfrac{f(0 + \Delta x) - f(0)}{\Delta x} = 1$。可知，$f'_-(0) \neq f'_+(0)$，即函数 $f(x) = |x|$ 在 $x = 0$ 处不可导。

2. 可导与连续的关系

若函数 $f(x)$ 在点 x_0 处可导，则 $f(x)$ 在点 x_0 处连续，反之不成立。

【例 9-6】 "函数 $f(x)$ 在点 x_0 处连续"是"函数 $f(x)$ 在 x_0 处可导"的（　　）条件。

A. 充分　　　　　　　　　　　　B. 必要

C. 充要　　　　　　　　　　　　D. 不充分也不必要

解：函数 $f(x)$ 在点 x_0 处可导，则 $f(x)$ 在点 x_0 处连续，而 $f(x)$ 在点 x_0 处连续，函数 $f(x)$ 在点 x_0 处不一定可导，如 $f(x) = |x|$ 在 $x = 0$ 处。故答案为 B 选项。

【例 9-7】 已知函数 $f(x)$ 在 $x = 3$ 处可导，若极限 $\lim\limits_{x \to 3} f(x) = -4$，则 $f(3) = $ _____。

解：由题意可知，函数 $f(x)$ 在 $x = 3$ 连续，可得

$$f(3) = \lim\limits_{x \to 3} f(x)$$

即 $f(3) = -4$。

> **规律方法**
>
> 　　充分利用函数在某点可导的充要条件,以及可导一定连续的结论,可求解一些参数的值。

任务 28　导数的几何意义及应用

1. 函数 $f(x)$ 在点 x_0 处的导数的几何意义

函数 $f(x)$ 在点 x_0 处的导数 $f'(x_0)$,在几何上表示曲线 $y=f(x)$ 在点 $M(x_0, f(x_0))$ 处切线的斜率,即

$$k_{切}\big|_{x=x_0} = f'(x_0)$$

如图 9-2 所示,MT 为曲线在点 M 处的切线,MQ 为曲线在点 M 处的法线,可知

$$k_{法线}\big|_{x=x_0} = -\frac{1}{f'(x_0)}$$

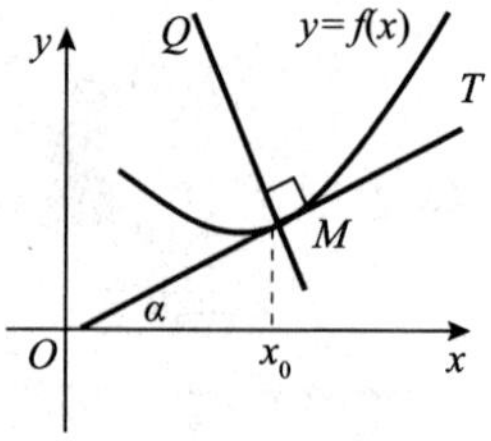

图　9-2

2. 切线方程与法线方程

(1) 曲线 $y=f(x)$ 在点 $(x_0, f(x_0))$ 处的切线方程为

$$y - f(x_0) = f'(x_0)(x - x_0)$$

(2) 当 $f'(x_0) \neq 0$ 时,曲线 $y=f(x)$ 在点 $(x_0, f(x_0))$ 处的法线方程为

$$y - f(x_0) = -\frac{1}{f'(x_0)}(x - x_0)$$

当 $f'(x_0)=0$ 时,曲线 $y=f(x)$ 在点 $(x_0, f(x_0))$ 处的法线方程为 $x=x_0$。

当 $f'(x_0)$ 不存在时,曲线 $y=f(x)$ 在点 $(x_0, f(x_0))$ 处的切线方程为 $y=f(x_0)$。

【例 9-8】　已知函数 $f(x)$ 在 $x=1$ 处可导,且 $f'(1)=3$,求 $y=f(x)$ 在点 $(1, -2)$ 处的切线斜率及法线斜率。

解: 由题意可知,$k_{切}\big|_{x=1} = f'(1) = 3$,$k_{法线}\big|_{x=1} = -\dfrac{1}{f'(3)} = -\dfrac{1}{3}$。

【例 9-9】　已知函数 $y=f(x)$ 满足 $\lim\limits_{h \to 0} \dfrac{f(3-h)-f(3)}{h} = 2$,求该曲线在点 $(3, 18)$ 处的切线方程和法线方程。

解: 由题意可知,因为 $-\lim\limits_{h \to 0} \dfrac{f(3-h)-f(3)}{-h} = 2$,所以 $f'(3) = 2$,可得

$$k_{切}\big|_{x=3} = f'(3) = -2, \quad k_{法线}\big|_{x=3} = -\frac{1}{f'(3)} = \frac{1}{2}$$

所以,切线方程为 $y-18 = -2(x-3)$,即 $y = -2x+24$。

法线方程为 $y-18=\dfrac{1}{2}(x-3)$，即 $y=\dfrac{1}{2}x+\dfrac{33}{2}$。

练 习 题

A 组

1. 函数 $f(x)$ 满足 $f'(x_0)\neq 0$ 且 $\lim\limits_{h\to 0}\dfrac{f(x_0+kh)-f(x_0+h)}{h}=\dfrac{1}{3}f'(x_0)$，则 k 的值为（　　）。

    A. 1   B. $\dfrac{4}{3}$ C. $\dfrac{1}{3}$ D. -2

2. 已知 $f(x)$ 在 $x=0$ 处可导，且 $f'(0)=2$，$f(0)=0$，则 $\lim\limits_{x\to 0}\dfrac{f(x)}{x}=$ _____。

3. 已知曲线 $y=f(x)$ 在点 $(0,2)$ 处的法线斜率为 -3，则 $\lim\limits_{x\to 0}\dfrac{f(x)-f(0)}{x}=$ _____。

4. 设 $f(x)=\begin{cases}\cos x & (x\leqslant 0)\\ ax+b & (x>0)\end{cases}$ 在 $x=0$ 处可导，求 a,b 的值。

B 组

1. 已知 $f(x)$ 在点 x_0 处可导，当 $h\to 0$ 时，$f(x_0+3h)-f(x_0)+2h$ 是 h 的高阶无穷小量，则 $f'(x_0)=$ _____。

2. 设 $f'(2)=\dfrac{1}{2}$，则极限 $\lim\limits_{h\to 0}\dfrac{f(2+2h)-f(2)}{\ln(1+h)}=$ _____。

3. 已知函数 $f(x)$ 在 $x=0$ 处可导，且满足 $f(0)=0$，$\lim\limits_{x\to 0}\dfrac{f(2x)}{x}=2$，则 $f(x)$ 在 $x=0$ 处的导数值 $f'(0)$ 为（　　）。

    A. 1   B. 0   C. 2   D. 3

4. 设 $f'(0)=2$，则 $\lim\limits_{h\to 0}\dfrac{f(h)-f(-h)}{h}=$（　　）。

    A. 1   B. 0   C. 2   D. 4

5. 已知函数 $f(x)=\begin{cases}e^{ax+3} & (x>0)\\ x^2+x+b & (x<0)\end{cases}$ 在 $x=0$ 处可导，求 a,b 的值。

模块 10　导数的运算

(1) 熟记基本导数公式。

(2) 掌握导数的四则运算法则。

(3) 理解复合函数的求导法则。

(4) 理解反函数的求导法则。

(5) 掌握高阶导数的求导方法及特殊高阶导数的结论应用。

任务29　基本导数公式

基本导数公式是基本初等函数的导函数,如表 10-1 所示。

表　10-1

函 数 名 称	导 数 公 式	
常函数	$C'=0(C$ 为常数$)$	
幂函数	$(x^n)'=nx^{n-1}(n\in \mathbf{R})$	
指数函数	$(\mathrm{e}^x)'=\mathrm{e}^x$	
	$(a^x)'=a^x\ln a(a>0$ 且 $a\neq 1)$	
对数函数	$(\ln x)'=\dfrac{1}{x}$	
	$(\log_a x)'=\dfrac{1}{x\ln a}(a>0$ 且 $a\neq 1)$	
三角函数	$(\sin x)'=\cos x$	$(\cos x)'=-\sin x$
	$(\tan x)'=\sec^2 x$	$(\cot x)'=-\csc^2 x$
	$(\sec x)'=\sec x\tan x$	$(\csc x)'=-\csc x\cot x$
反三角函数	$(\arcsin x)'=\dfrac{1}{\sqrt{1-x^2}}$	$(\arccos x)'=-\dfrac{1}{\sqrt{1-x^2}}$
	$(\arctan x)'=\dfrac{1}{1+x^2}$	$(\mathrm{arccot}x)'=-\dfrac{1}{1+x^2}$

【例 10-1】　求下列函数的导数。

(1) $f(x)=\dfrac{1}{x^3}$ 　　　　　(2) $g(x)=\sqrt[4]{x^3}$ 　　　　　(3) $h(x)=\ln 2$

解：

(1) $f'(x) = \left(\dfrac{1}{x^3}\right)' = (x^{-3})' = -3x^{-4} = -\dfrac{3}{x^4}$

(2) $g'(x) = (\sqrt[4]{x^3})' = (x^{\frac{3}{4}})' = \dfrac{3}{4}x^{-\frac{1}{4}}$

(3) $h'(x) = (\ln 2)' = 0$

任务 30　导数的运算法则

1. 导数的四则运算

设 $f(x)$，$g(x)$ 均可导，则

(1) 加减的导数：$[f(x) \pm g(x)]' = f'(x) \pm g'(x)$（可推广到有限函数加减求导）。

(2) 乘积的导数：$[f(x) \cdot g(x)]' = f'(x)g(x) + f(x)g'(x)$。

特殊情况：$[c \cdot g(x)]' = cg'(x)$（c 为常数）。

(3) 除法的导数：$\left[\dfrac{f(x)}{g(x)}\right]' = \dfrac{f'(x)g(x) - f(x)g'(x)}{g^2(x)}$。

【例 10-2】 求下列函数的导数。

(1) $f(x) = 2x^3 + \cos x$　　　　(2) $g(x) = e^x \tan x$　　　　(3) $h(x) = \dfrac{\ln x}{e^x}$

解：

(1) $f'(x) = (2x^3)' + (\cos x)' = 2(x^3)' + (\cos x)' = 6x^2 - \sin x$

(2) $g'(x) = (e^x)' \tan x + e^x(\tan x)' = e^x(\sec^2 x + \tan x)$

(3) $h'(x) = \dfrac{\dfrac{1}{x} \cdot e^x - \ln x \cdot e^x}{(e^x)^2} = \dfrac{\dfrac{1}{x} - \ln x}{e^x}$

2. 复合函数的求导

若函数 $u = \varphi(x)$ 在点 x 处可导，函数 $y = f(u)$ 在对应点 u 处可导，则复合函数 $y = f[\varphi(x)]$ 在点 x 处可导，且

$$y' = f'(u) \cdot \varphi'(x)$$

理解提示

复合函数的求导规则可描述为复合函数的求导等于分解后各函数的导数的乘积。

【例 10-3】 求函数 $y = \sin 2x$ 的导数。

解： 函数 $y = \sin 2x$ 可分解为 $y = \sin u$，$u = 2x$，所以，$y' = (\sin u)' \cdot (2x)' = 2\cos u = 2\cos 2x$。

规律方法

复合函数求导的步骤如下。

（1）分解复合函数。

（2）利用复合函数求导法则求导。

（3）还原中间变量。

熟悉之后，可省去第一步，综合运用第二步与第三步即可。

【例 10-4】 求函数 $y=\mathrm{e}^{\cos(2x+1)}$ 的导数。

解：函数 $y=\mathrm{e}^{\cos(2x+1)}$ 可分解为 $y=\mathrm{e}^u$，$u=\cos v$，$v=2x+1$，所以

$$y'=(\mathrm{e}^u)'(\cos v)'(2x+1)'=-2\mathrm{e}^u\sin v=-2\mathrm{e}^{\cos(2x+1)}\sin(2x+1)$$

3. 反函数的求导

若函数 $x=\varphi(y)$ 在某一区间单调且可导，且 $\varphi'(y)\neq 0$，则它的反函数 $y=f(x)$ 在对应的区间内也可导，且

$$f'(x)=\frac{1}{\varphi'(y)}$$

理解提示

反函数的求导规则可描述为一个函数的反函数的导数等于原函数的导数的倒数。

【例 10-5】 求函数 $f(x)=x^3+2x$ 的反函数的导数。

解：因为 $f'(x)=3x^2+2$，所以它的反函数的导数为 $[f^{-1}(x)]'=\dfrac{1}{3x^2+2}$。

任务31　高阶导数

若函数 $y=f(x)$ 的导数 $f'(x)$ 在点 x 处的导数 $[f'(x)]'$ 存在，则称 $[f'(x)]'$ 为 $y=f(x)$ 的二阶导数，记作 y'' 或 $f''(x)$。

类似的，函数 $f(x)$ 的 $n-1$ 阶导数的导数称为 $y=f(x)$ 的 n 阶导数，记作 $y^{(n)}$ 或 $f^{(n)}(x)$，即

$$y^{(n)}=(y^{n-1})'$$

称二阶及二阶以上的导数为高阶导数。

理解提示

高阶导数的求导规则为逐阶对函数 $f(x)$ 求导（适用于阶数较小的情况）。

【例 10-6】 设函数 $y=x^3+2x$，求 y''，$y^{(3)}$，$y^{(4)}$。

解：因为 $y'=3x^2+2$，所以 $y''=(y')'=6x$，$y^{(3)}=(y'')'=6$，$y^{(4)}=0$。

【例 10-7】 设 $y^{n-2}=x\ln x$（$n>2$ 为常数），求 $y^{(n)}$。

解：由题意可知，$y^{n-1}=(y^{n-2})'=\ln x+1$，所以，$y^{(n)}=(y^{n-1})'=\dfrac{1}{x}$。

【例 10-8】 已知函数 $y = x\mathrm{e}^x$，求 $y^{(n)}$。

解：因为

$$y' = \mathrm{e}^x + x\mathrm{e}^x = (1+x)\mathrm{e}^x$$

$$y'' = \mathrm{e}^x + \mathrm{e}^x + x\mathrm{e}^x = 2\mathrm{e}^x + x\mathrm{e}^x = (2+x)\mathrm{e}^x$$

$$y^{(3)} = \mathrm{e}^x + \mathrm{e}^x + \mathrm{e}^x + x\mathrm{e}^x = 3\mathrm{e}^x + x\mathrm{e}^x = (3+x)\mathrm{e}^x$$

所以 $y^{(n)} = (n+x)\mathrm{e}^x$。

规律方法

(1) 当阶数较小时，利用定义，逐阶求导。

(2) 当阶数较大时，从一阶起，连续求几个阶数，然后观察规律。

(3) 常见的 n 阶导数（熟练记住）：

① $(x^n + x^{n-1} + \cdots + x)^n = 0$

② $(a^x)^n = (\ln a)^n a^x$

③ $(\mathrm{e}^{ax})^n = a^n \mathrm{e}^{ax}$

④ $(\sin x)^n = \sin\left(x + \dfrac{n\pi}{2}\right)$

⑤ $(\cos x)^n = \cos\left(x + \dfrac{n\pi}{2}\right)$

练 习 题

A 组

1. 求下列函数的导数。

(1) $y = x^3 + 4\sqrt{x}\sin x$ (2) $y = (1 - x^3)\left(5 - \dfrac{1}{x^2}\right)$ (3) $y = \dfrac{\ln x}{2^x}$

2. 求下列复合函数的导数。

(1) $y = \ln\cos x$ (2) $y = \mathrm{e}^{3x-1}$ (3) $y = \arctan(3x+1)$

3. 已知 $f(x) = (3x+5)^{10}$，求 $f^{20}(0)$。

4. 设函数 $x = \varphi(y)$ 单调可导，其反函数为 $y = f(x)$，且 $f(2) = 4$，$f'(2) = -\sqrt{5}$，则 $\varphi'(4) = \underline{\hspace{2cm}}$。

5. 已知函数 $f(x) = \ln 2x$，则 $f''(2) = ($ $)$。

     A. $-\dfrac{1}{2}$ B. $\dfrac{1}{2}$ C. $-\dfrac{1}{4}$ D. $\dfrac{1}{4}$

B 组

1. 设 $y = x + \mathrm{e}^{-\frac{x}{2}}$，则 $y'\big|_{x=0} = \underline{\hspace{2cm}}$。

2. 已知函数 $y = m\sin(2x)(m \neq 0)$ 且 $y^{10}\left(\dfrac{\pi}{4}\right) = 512$，则 $m = \underline{\hspace{2cm}}$。

3.已知函数 $y = e^{2x+3}$,则 $y^n =$ _____。

4.已知函数 $y = \ln(x+3)$,则 $y^{20} =$ _____。

5.已知函数 $f(x) = \ln 2x$,则 $[f(2)]' = ($ ____ $)$。

    A. $-\dfrac{1}{2}$ B. 0 C. $\dfrac{1}{4}$ D. $\dfrac{1}{2}$

6.设 $y = x^2 + 2x - 1(x > 0)$,其反函数 $x = \varphi(y)$ 在 $y = 2$ 处的导数为( )。

    A. $-\dfrac{1}{4}$ B. $\dfrac{1}{4}$ C. $\dfrac{1}{2}$ D. $-\dfrac{1}{2}$

7.设 $y = a\cos x$,且 $y^{2019}\left(\dfrac{\pi}{2}\right) = 2$,求 a 的值。

8.已知函数 $y = f(3x+1) + e^{f(x)}$ $[f(x)$ 可导$]$,求 y'。

模块 11　函数的微分

（1）理解函数微分的定义，以及导数与微分的关系。

（2）掌握微分的基本公式及基本运算。

（3）理解一阶微分形式的不变性。

（4）能够利用微分计算近似值。

任务 32　函数微分的定义与运算

1. 函数微分的定义

设函数 $y = f(x)$ 在点 x_0 的某个邻域内有定义，当自变量在 x_0 处有增量 Δx 时，若相应的因变量增量 $\Delta y = f(x_0 + \Delta x) - f(x_0)$ 可以表示为

$$\Delta y = A \Delta x + o(\Delta x)$$

其中，A 为常数；$o(\Delta x)$ 是 Δx 高阶的无穷小量，则称函数 $f(x)$ 在点 x_0 处可微。

$A \Delta x$ 称为函数 $f(x)$ 在点 x_0 处的微分，记作 $\mathrm{d}y \big|_{x = x_0}$ 或 $\mathrm{d}f(x_0)$，即

$$\mathrm{d}y \big|_{x = x_0} = A \Delta x，其中 A = f'(x_0)$$

若 $f(x) = x$，则

$$\mathrm{d}f(x) = \mathrm{d}x = (x)' \Delta x = \Delta x$$

所以，微分又可以表示为

$$\mathrm{d}y \big|_{x = x_0} = A \mathrm{d}x = f'(x_0) \mathrm{d}x$$

【例 11-1】　求函数 $y = x^2$ 在 $x = 1, \Delta x = 0.01$ 时的微分。

解：因为 $y' = 2x$，所以

$$\mathrm{d}y \big|_{x = 1, \Delta x = 0.01} = y' \big|_{x = 1, \Delta x = 0.01} \cdot \Delta x = 2 \times 1 \times 0.01 = 0.02$$

2. 可导与可微的关系

函数 $y = f(x)$ 在点 x_0 处可微的充要条件是 $f(x)$ 在点 x_0 处可导，即可微与可导是等价的，且

$$\mathrm{d}y \big|_{x = x_0} = f'(x_0) \Delta x = f'(x_0) \mathrm{d}x$$

即

$$\frac{\mathrm{d}y}{\mathrm{d}x} \bigg|_{x = x_0} = f'(x_0)$$

理解提示

可导与可微虽为等价关系，但导数与微分是有区别的，导数是函数在某点处的变化率，只与 x 有关，而微分是函数在某一点处由自变量增量所引起的因变量增量的线性部分，它既与 x 有关，也与 Δx 有关。

【**例 11-2**】 下列关于可导、可微与连续的关系的说法中正确的是（　　）。

A. 可导不一定可微　　　　　　　　B. 可微一定连续

C. 连续一定可导　　　　　　　　　D. 可导不一定连续

解：可导与可微是等价的，可微一定连续，连续不一定可微，故答案为 B 选项。

任务 33　微分的运算与应用

1. 微分的基本公式

微分的基本公式如表 11-1 所示，应熟记这些公式。

表　11-1

函 数 名 称	微 分 公 式	
常函数	$\mathrm{d}(c)=0(c$ 为常数$)$	
幂函数	$\mathrm{d}(x^n)=nx^{n-1}\mathrm{d}x(n\in\mathbf{R})$	
指数函数	$\mathrm{d}(\mathrm{e}^x)=\mathrm{e}^x\mathrm{d}x$	
	$\mathrm{d}(a^x)=a^x\ln a\mathrm{d}x(a>0$ 且 $a\neq1)$	
对数函数	$\mathrm{d}(\ln x)=\dfrac{1}{x}\mathrm{d}x$	
	$\mathrm{d}(\log_a x)=\dfrac{1}{x\ln a}\mathrm{d}x(a>0$ 且 $a\neq1)$	
三角函数	$\mathrm{d}(\sin x)=\cos x\mathrm{d}x$	$\mathrm{d}(\cos x)=-\sin x\mathrm{d}x$
	$\mathrm{d}(\tan x)=\sec^2 x\mathrm{d}x$	$\mathrm{d}(\cot x)=-\csc^2 x\mathrm{d}x$
	$\mathrm{d}(\sec x)=\sec x\tan x\mathrm{d}x$	$\mathrm{d}(\csc x)=-\csc x\cot x\mathrm{d}x$
反三角函数	$\mathrm{d}(\arcsin x)=\dfrac{1}{\sqrt{1-x^2}}\mathrm{d}x$	$\mathrm{d}(\arccos x)=-\dfrac{1}{\sqrt{1-x^2}}\mathrm{d}x$
	$\mathrm{d}(\arctan x)=\dfrac{1}{1+x^2}\mathrm{d}x$	$\mathrm{d}(\operatorname{arccot} x)=-\dfrac{1}{1+x^2}\mathrm{d}x$

2. 微分的四则运算法则

设 $f(x),g(x)$ 均可微，则

(1) $\mathrm{d}[f(x)\pm g(x)]=\mathrm{d}f(x)\pm\mathrm{d}g(x)$

(2) $\mathrm{d}[f(x)\cdot g(x)]=f(x)\mathrm{d}g(x)+g(x)\mathrm{d}f(x)$

特殊情况：$\mathrm{d}[c \cdot g(x)] = c\mathrm{d}g(x)$（$c$ 为常数）。

(3) $\mathrm{d}\left[\dfrac{f(x)}{g(x)}\right] = \dfrac{g(x)\mathrm{d}f(x) - f(x)\mathrm{d}g(x)}{g^2(x)}$

理解提示

根据可导与可微的关系，仅需要掌握基本导数公式，微分相关公式就能用上。

【例 11-3】 求函数 $y = \dfrac{\sin x}{\mathrm{e}^x}$ 的微分。

解：

解法 1：因为 $y' = \dfrac{\cos x \cdot \mathrm{e}^x - \sin x \cdot \mathrm{e}^x}{(\mathrm{e}^x)^2} = \dfrac{\cos x - \sin x}{\mathrm{e}^x}$，所以 $\mathrm{d}y = \dfrac{\cos x - \sin x}{\mathrm{e}^x}\mathrm{d}x$。

解法 2：

$$\mathrm{d}y = \frac{\mathrm{d}\sin x \cdot \mathrm{e}^x - \sin x\,\mathrm{d}\mathrm{e}^x}{(\mathrm{e}^x)^2} = \frac{\cos x \cdot \mathrm{e}^x\,\mathrm{d}x - \sin x \cdot \mathrm{e}^x\,\mathrm{d}x}{(\mathrm{e}^x)^2} = \frac{\cos x - \sin x}{\mathrm{e}^x}\,\mathrm{d}x$$

3. 一阶微分形式不变性

定义：若函数 $y = f(u)$ 可微，函数 $u = u(x)$ 也可微，则复合函数 $y = f[u(x)]$ 的微分为
$$\mathrm{d}y = f'(u)u'(x)\mathrm{d}x$$

也可写成
$$\mathrm{d}y = f'(u)\mathrm{d}u$$

由此可见，无论 x 是自变量还是中间变量，函数的微分总保持 $\mathrm{d}y = f'(u)\mathrm{d}u$ 的形式，这一性质称为一阶微分形式不变性。

【例 11-4】 求函数 $y = \cos 2x$ 的微分。

解：

解法 1：
$$\mathrm{d}y = \mathrm{d}\cos 2x = (\cos 2x)'_{2x}\mathrm{d}2x = -\sin 2x \cdot (2x)'\mathrm{d}x = -2\sin 2x\,\mathrm{d}x$$

解法 2：
$$\mathrm{d}y = (\cos 2x)'\mathrm{d}x = (\cos 2x)'_{2x}(2x)'\mathrm{d}x = -\sin 2x \cdot 2\mathrm{d}x = -2\sin 2x\,\mathrm{d}x$$

【例 11-5】 已知函数 $y = \mathrm{e}^{\sin x}$，求 $\mathrm{d}y$。

解：

解法 1：
$$\mathrm{d}y = \mathrm{d}\mathrm{e}^{\sin x} = (\mathrm{e}^{\sin x})'_{\sin x}\mathrm{d}\sin x = \mathrm{e}^{\sin x} \cdot (\sin x)'\mathrm{d}x = \mathrm{e}^{\sin x}\cos x\,\mathrm{d}x$$

解法 2：
$$\mathrm{d}y = (\mathrm{e}^{\sin x})'\mathrm{d}x = (\mathrm{e}^{\sin x})_{\sin x}'(\sin x)'\mathrm{d}x = \mathrm{e}^{\sin x} \cdot \cos x\,\mathrm{d}x$$

规律方法

复合函数求微分有以下两种途径。

(1) 对函数求导 y'，然后代入 $\mathrm{d}y = y'\mathrm{d}x$。

(2) 利用一阶微分形式不变性对所给函数两边同时取微分。

4. 微分在近似计算中的应用

设 $f(x)$ 在点 x_0 处可导,当 $|\Delta x|$ 很小时(见图 11-1)有

$$\Delta y \approx \mathrm{d}y = f'(x_0)\mathrm{d}x = f'(x_0)\Delta x$$

而 $\Delta y = f(x_0 + \Delta x) - f(x_0)$,所以 $f(x_0 + \Delta x) - f(x_0) \approx f'(x_0)\Delta x$,即

$$f(x_0 + \Delta x) \approx f(x_0) + f'(x_0)\Delta x$$

令 $x = x_0 + \Delta x$,则

$$f(x) \approx f(x_0) + f'(x_0)(x - x_0)$$

可求 $f(x)$ 的近似值。

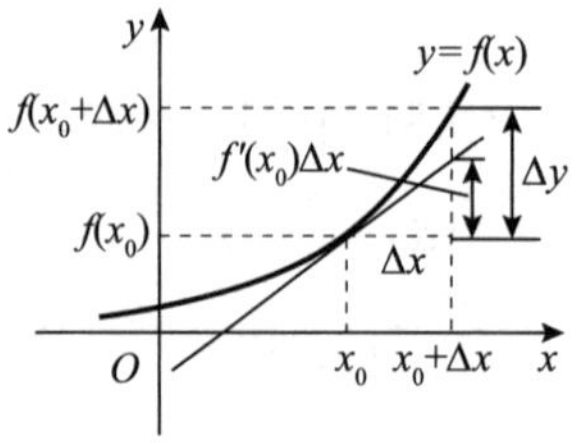

图 11-1

【例 11-6】 计算 $\ln 1.01$ 的近似值。

解: 设 $f(x) = \ln x$,由微分定义可知

$$\ln(x_0 + \Delta x) \approx \ln x_0 + (\ln x')|_{x=x_0}\Delta x$$

由题意可取 $x_0 = 1, \Delta x = 0.01$,有

$$\ln 1.1 = \ln(1 + 0.01) \approx \ln 1 + 1 \times 0.01 = 0.01$$

【例 11-7】 计算 $\sqrt[3]{1.02}$ 的近似值(保留 4 位小数)。

解: 设 $f(x) = \sqrt[3]{x}$,$f'(x) = \dfrac{1}{3}x^{-\frac{2}{3}}$,由微分定义可知

$$\sqrt[3]{x_0 + \Delta x} \approx \sqrt[3]{x_0} + \frac{1}{3}x_0^{-\frac{2}{3}} \cdot \Delta x$$

由题意可取 $x_0 = 1, \Delta x = 0.02$,有

$$\sqrt[3]{1.02} = \sqrt[3]{1 + 0.02} \approx \sqrt[3]{1} + \frac{1}{3} \times 1^{-\frac{2}{3}} \times 0.02 = 1 + \frac{0.02}{3} = 1.0067$$

规律方法

利用微分计算近似值的思路如下。

(1) 观察所求值的表达式,提取函数 $f(x)$,并求导 $f'(x)$。

(2) 分解 x 为 x_0 和 Δx,使 $x = x_0 + \Delta x$,取 x_0 使 $f(x_0)$ 计算简单。

(3) 利用 $f(x) \approx f(x_0) + f'(x_0)\Delta x$ 计算。

练 习 题

A 组

1. 已知函数 $f(x) = \ln x$ 为可导函数,则 $f(0.99)$ 的近似值为 _____。

2. 下列式子中成立的是(   )。

    A. $a\mathrm{d}x = a\mathrm{d}\left(\dfrac{x+2}{a}\right)$ B. $x\mathrm{e}^{x^2}\mathrm{d}x = \dfrac{1}{2}\mathrm{e}^{x^2}\mathrm{d}x^2$

    C. $\sqrt{x}\mathrm{d}x = \mathrm{d}\sqrt{x}$ D. $\ln x\mathrm{d}x = \mathrm{d}\left(\dfrac{1}{x}\right)$

3. 已知 $y = \dfrac{\ln x}{x}$，则微分 $\mathrm{d}y$ 应表示为（　　）。

  A. $\dfrac{\mathrm{d}\ln x - \ln x\,\mathrm{d}x}{x^2}$ B. $\dfrac{\mathrm{d}\ln x + \ln x\,\mathrm{d}x}{x^2}$

  C. $\dfrac{x\mathrm{d}\ln x - \ln x\,\mathrm{d}x}{x^2}$ D. $\dfrac{x\mathrm{d}\ln x + \ln x\,\mathrm{d}x}{x^2}$

4. 已知 $y = \cos x$，当 $x = \dfrac{\pi}{6}$，$\Delta x = 0.01$ 时，$\mathrm{d}y = ($　　$)$。

  A. 0.05 B. -0.05 C. 0.005 D. -0.005

5. 设 $y = \ln(1 + 2^x)$，求 $\mathrm{d}y$。

B 组

1. 设函数 $y = f(x)$ 的微分为 $\mathrm{d}y = \mathrm{e}^{-3x^2}\mathrm{d}x$，则 $f''(x) = $ _____。

2. 已知函数 $y = \mathrm{e}^x \ln x$，则 $\mathrm{d}y = ($　　$)$。

  A. $\dfrac{\mathrm{e}^x\,\mathrm{d}x}{x}$ B. $\ln x\,\mathrm{d}(\mathrm{e}^x) + \dfrac{\mathrm{e}^x}{x}\mathrm{d}x$

  C. $\mathrm{e}^x \ln x\,\mathrm{d}x$ D. $\mathrm{e}^x\mathrm{d}(\ln x) + \dfrac{1}{x}\mathrm{d}x$

3. 求函数 $y = \mathrm{e}^{\cos x}$ 的微分 $\mathrm{d}y$。

4. 求 $\sqrt{8.9}$ 的近似值（保留 3 位小数）。

5. 求 $\sqrt[3]{1.02}$ 的近似值（保留 4 位小数）。

6. 求 $\sin 29°$ 的近似值（保留 4 位小数）。

7. 某球体的体积从 $972\pi\,\mathrm{cm}^3$ 增加到 $973\pi\,\mathrm{cm}^3$，求其半径的增量的近似值。

模块 12　三个求导方法

学习要求

（1）掌握隐函数的不同求导方法，以及隐函数的二阶求导方法。

（2）掌握对数求导法。

（3）掌握由参数方程所确定的函数的求导方法。

任务34　隐函数求导法

1.隐函数的概念

因变量 y 可以由自变量 x 的数学表达式直接表示出来的函数称为显函数，如 $y=\sin 2x$，$y=x^{\frac{1}{3}}-2x+1$。

一般地，如果变量 x,y 之间的关系是由某个方程 $F(x,y)=0$ 所确定的，那么这种函数叫作由方程所确定的隐函数。

把一个隐函数化成显函数叫作隐函数的显化，如由方程 $x+y^3-1=0$ 解出 $y=\sqrt[3]{1-x}$。但有些隐函数不易显化甚至不能显化，如方程 $e^y-xy=0$。

【例 12-1】 判断下列哪些函数为隐函数，并把隐函数显化。

（1）$y=\sin 2x$ 　　　　　　　　　　　　（2）$x+\sin y+2=0$

（3）$xy-y-1=0$ 　　　　　　　　　　　（4）$x^2+3x+1=0$

解：(2)和(3)为隐函数，(1)为显函数，(4)不是函数。

（2）由 $x+\sin y+2=0$ 可解出 $y=\arcsin(-x-2)$，即显化后函数为 $y=\arcsin(-x-2)$。

（3）由 $xy-y-1=0$ 可解出 $y=\dfrac{1}{x-1}$，即显化后函数为 $y=\dfrac{1}{x-1}$。

2.隐函数的求导法则

（1）利用复合函数求导法则：①方程两边同时对 x 求导，遇到 y 的表达式时，把 y 看作 x 的函数（即先对 y 求导，再乘以 y 对 x 的导数 y' 求导），得到一个含有 x,y,y' 的方程；②求解上述求导后的方程，得出导数 y'。

（2）利用一阶微分形式的不变性求导，思路：方程两边同时微分$\Rightarrow$一个含有 $\mathrm{d}x,\mathrm{d}y$ 的方程$\Rightarrow$解出微商 $\dfrac{\mathrm{d}y}{\mathrm{d}x}$。

（3）利用偏导数求导：①把方程分别看作关于 x,y 的函数 $f(x,y)$，然后对 $f(x,y)$ 分

别求偏导得到 f_x，f_y；②利用公式 $y' = -\dfrac{f_x}{f_y}$ 计算即可。

【例 12-2】　求由方程 $e^y + x - 1 = 0$ 所确定的隐函数 $y = y(x)$ 的导数 y'。

解：

解法 1：方程两边同时对 x 求导，可得

$$e^y \cdot y' + 1 = 0$$

解出 y'，可得到隐函数的导数为

$$y' = -\frac{1}{e^y}$$

解法 2：对二元函数 $f(x,y) = e^y + x + 1$ 求偏导可得

$$f_x = 1, \quad f_y = e^y$$

由公式可得

$$y' = -\frac{f_x}{f_y} = -\frac{1}{e^y}$$

解法 3：方程两边同时对 x 微分可得

$$e^y \mathrm{d}y + \mathrm{d}x = 0$$

所以

$$\frac{\mathrm{d}y}{\mathrm{d}x} = -\frac{1}{e^y}$$

【例 12-3】　求由方程 $y^5 + 2y - x - 3x^7 = 0$ 所确定的隐函数 $y = y(x)$ 在 $x=0, y=0$ 处的导数 $\dfrac{\mathrm{d}y}{\mathrm{d}x}\big|_{x=0, y=0}$。

解：方程两边同时对 x 微分可得

$$5y^4 \mathrm{d}y + 2\mathrm{d}y - \mathrm{d}x - 21x^6 \mathrm{d}x = 0$$

于是得

$$\frac{\mathrm{d}y}{\mathrm{d}x} = \frac{5y^4 + 2}{1 + 21x^6}$$

所以

$$\frac{\mathrm{d}y}{\mathrm{d}x}\bigg|_{x=0, y=0} = 2$$

【例 12-4】　求由方程 $x^2 - \dfrac{y^2}{2} = 5$ 所确定的隐函数的二阶导数 y''。

解：两边同时对 x 求导可得

$$2x - y \cdot y' = 0$$

于是得

$$y' = \frac{2x}{y}$$

两边继续对 x 求导可得

$$y'' = \frac{2y - 2xy'}{y^2}$$

即

$$y'' = \frac{2y - 2x \cdot \dfrac{2x}{y}}{y^2} = \frac{2y^2 - 4x^2}{y^3}$$

> **规律方法**
>
> （1）方程 $F(x,y)=0$ 两边对 x 求导时，一定要把 y 看作 x 的函数。
>
> （2）求二阶导数时，注意 y 依然是 x 的函数，计算过程中出现 y' 时，应将 y' 的表达式代入化简。

任务35 对数求导法

1. 对数求导法的适用特征

对数求导法用于几个因子通过乘、除、乘方、开方所构成的复杂函数的求导，如 $y = \dfrac{\sqrt[3]{2x^2}(1-x)^5}{(x+2)^2}$，$y = x^{x^2-1}$，$y = \sqrt[x]{x-1}$。

2. 对数求导法的求导思路

对数求导法先取对数（化乘除为加减，化乘方、开方为乘积），然后利用隐函数求导法求导。

【例 12-5】 求函数 $y = x^x$ 的导数 y'。

解： 两边同时取对数可得

$$\ln y = x \ln x$$

两端同时对 x 求导可得

$$\frac{1}{y} \cdot y' = \ln x + 1$$

于是得

$$y' = y \ln x + y$$

【例 12-6】 求函数 $y = (x+1)(3x-1)^{\frac{2}{3}}(2x+1)^{\frac{1}{3}}$ 的导数。

解： 两边同时取对数可得

$$\ln y = \ln(x+1) + \frac{2}{3}\ln(3x-1) + \frac{1}{3}\ln(2x+1)$$

两边同时取导数可得

$$\frac{1}{y}y' = \frac{1}{x+1} + \frac{2}{3} \times \frac{1}{3x-1} \times 3 + \frac{1}{3} \times \frac{1}{2x+1} \times 2$$

于是得

$$y' = y\left(\frac{1}{x+1} + \frac{2}{3x-1} + \frac{2}{6x+3}\right)$$

任务36　求由参数方程所确定的函数的导数

函数 $y = y(x)$ 是由参数方程

$$\begin{cases} x = f(t) \\ y = g(t) \end{cases} \quad (t \text{ 为参数})$$

确定的函数,称为由参数方程所确定的函数。

其求导法则为

$$\frac{\mathrm{d}y}{\mathrm{d}x} = \frac{g'(t)}{f'(t)} \quad \text{或} \quad \frac{\mathrm{d}y}{\mathrm{d}x} = \frac{\dfrac{\mathrm{d}y}{\mathrm{d}t}}{\dfrac{\mathrm{d}x}{\mathrm{d}t}}$$

理解提示

由参数方程确定的函数求导后得到的是一个关于参数 t 的表达式。

【例 12-7】　已知函数 $y = y(x)$ 由参数方程 $\begin{cases} x = t^2 \\ y = t^3 \end{cases}$ $(t > 0)$ 确定,求 $\dfrac{\mathrm{d}y}{\mathrm{d}x}$。

解:由题意可得

$$\frac{\mathrm{d}y}{\mathrm{d}t} = 3t^2, \quad \frac{\mathrm{d}x}{\mathrm{d}t} = 2t$$

于是得

$$\frac{\mathrm{d}y}{\mathrm{d}x} = \frac{\dfrac{\mathrm{d}y}{\mathrm{d}t}}{\dfrac{\mathrm{d}x}{\mathrm{d}t}} = \frac{3t}{2}$$

【例 12-8】　已知参数方程 $\begin{cases} x = \arctan t \\ y = 1 - \ln(1+t^2) \end{cases}$,求 $\dfrac{\mathrm{d}^2 y}{\mathrm{d}x^2}$。

解:由题意可得

$$\frac{\mathrm{d}y}{\mathrm{d}t} = -\frac{2t}{1+t^2}, \quad \frac{\mathrm{d}x}{\mathrm{d}t} = \frac{1}{1+t^2}$$

于是得

$$\frac{\mathrm{d}y}{\mathrm{d}x} = \frac{\dfrac{\mathrm{d}y}{\mathrm{d}t}}{\dfrac{\mathrm{d}x}{\mathrm{d}t}} = -2t$$

所以

$$\frac{\mathrm{d}^2 y}{\mathrm{d}x^2} = \frac{\dfrac{\mathrm{d}}{\mathrm{d}t}\left(\dfrac{\mathrm{d}y}{\mathrm{d}x}\right)}{\dfrac{\mathrm{d}x}{\mathrm{d}t}} = \frac{-2}{\dfrac{1}{1+t^2}} = -2(1+t^2)$$

规律方法

求二阶导数时,可理解为求一阶导数之后建立的参数方程 $\begin{cases} y' = y'(t) \\ x = x(t) \end{cases}$ 的导数。

练 习 题

A 组

1.设 $y = y(x)$ 是由方程 $\arcsin y = e^x$ 确定的函数,求 y'。

2.求曲线 $xy + \ln y = 1$ 在点 $(1,1)$ 处的切线斜率。

3.求 $y = (\ln x)^x$ 的导数。

4.求 $y = \dfrac{(x+1)(x+2)(x+3)}{x^3(x+4)}$ 的导数。

5.求由参数方程所确定的函数 $\begin{cases} x = e^t \cos t \\ y = e^t \sin t \end{cases}$ 的导数。

B 组

1.若 $y^2 f(x) + x f(y) = x^2$, $f(x)$ 可导,求 $\dfrac{dy}{dx}$。

2.已知由方程 $x - y + \dfrac{1}{2} \sin y = 0$ 所确定的隐函数 $y = y(x)$,求 $\dfrac{d^2 y}{dx^2}$。

3.求 $y = x^y$ 的导数。

4.已知 $y = \left(\dfrac{x}{x+2} \right)^x$, $x > 0$,求 y'。

5.已知参数方程 $\begin{cases} x = 2t e^t + 1 \\ y = t^3 - 3t \end{cases}$,求方程在 $t = 0$ 相应点处的切线方程。

6.设函数 $y = y(x)$ 由参数方程 $\begin{cases} x = 1 + \cos t \\ y = \sin t^2 \end{cases}$ 所确定,求 $\dfrac{d^2 y}{dx^2}$。

导数与微分巩固练习

一、选择题

1.已知函数 $f(x)$ 在点 $x=0$ 处可导,且满足 $f(0)=0$,$\lim\limits_{x\to 0}\dfrac{f(2x)}{x}=2$,则 $f(x)$ 在 $x=0$ 处的导数值 $f'(0)$ 是(　　)。

　　A. 0　　　　　　　B. 1　　　　　　　C. -1　　　　　　　D. 2

2.已知 $f(x)=x$,则 $\lim\limits_{\Delta x\to 0}\dfrac{f(a+2\Delta x)-f(a)}{\Delta x}=$(　　)。

　　A. 1　　　　　　　B. 2　　　　　　　C. 3　　　　　　　D. -1

3.函数 $f(x)$ 在点 $x_0=0$ 处的导数 $f'(0)$ 可定义为(　　)。

　　A. $\dfrac{f(\Delta x)-f(0)}{\Delta x}$　　　　　　　　　B. $\dfrac{f(\Delta x)+f(0)}{\Delta x}$

　　C. $\lim\limits_{\Delta x\to 0}\dfrac{f(\Delta x)-f(0)}{\Delta x}$　　　　　　D. $\lim\limits_{\Delta x\to 0}\dfrac{f(\Delta x)+f(0)}{\Delta x}$

4.曲线 $f(x)=\ln(x+2)+1$ 在点 $(-1,1)$ 处的切线方程为(　　)。

　　A. $y=x+2$　　　B. $y=x-2$　　　C. $y=-x+2$　　　D. $y=-x-2$

5.已知 $y=\cos x$,当 $x=\dfrac{\pi}{6}$,$\Delta x=0.01$ 时,$\mathrm{d}y=$(　　)。

　　A. 0.05　　　　　B. -0.05　　　　C. 0.005　　　　D. -0.005

6.已知函数 $y=x\mathrm{e}^x$,则 $y^{(20)}(0)=$(　　)。

　　A. 0　　　　　　　B. 20　　　　　　C. 21　　　　　　D. e

7.曲线 $y=k\mathrm{e}^x$ 在 $x=0$ 处的切线的斜率为 2,则 $k=$(　　)。

　　A. 0　　　　　　　B. 1　　　　　　　C. 2　　　　　　　D. 3

8.函数 $f(x)=|x|$,则 $f(x)$ 在 $x=0$ 处(　　)。

　　A. 可导但不连续　　　　　　　B. 连续但不可导

　　C. 连续且可导　　　　　　　　D. 不连续也不可导

9.设 $f(x)=\ln(3x+1)$,则 $f''(0)=$(　　)。

　　A. 0　　　　　　　B. 3　　　　　　　C. 6　　　　　　　D. -9

10.$\sqrt[5]{0.99}$ 的近似值为(　　)。

　　A. 0.998　　　　B. 0.95　　　　　C. 1.01　　　　　D. 0.99

二、填空题

1.已知做直线运动的某质点运动方程是 $s=t^3-3t$,则 $t=2$ 秒时该质点的瞬时速度 $v=$_____。

2.已知 $f(x)=ax^3+3x^2+2$,若 $f'(-1)=4$,则 $a=$_____。

3.已知函数 $f(x)$ 可导,若函数 $y=\mathrm{e}^{f(x^2)}$,则 $y'=$_____。

4.函数 $y=\mathrm{e}^{-x}+1$ 在点 $(0,1)$ 处的法线方程是_____。

5. 函数 $f(x)=x^2$，$g(x)=\cos x$，则复合函数 $y=f[g'(x)]$ 的导数 $\dfrac{\mathrm{d}y}{\mathrm{d}x}=$ _____。

6. 已知 $y=\mathrm{e}^{3x}$，则 $y^{(n)}=$ _____。

7. 已知参数方程 $\begin{cases} x=a\cos t \\ y=b\sin t \end{cases}$，则其在 $t=\dfrac{\pi}{4}$ 处的切线斜率为 _____。

8. 已知 $y=\ln\arccos\sqrt{x}$，则 $\mathrm{d}y\big|_{x=\frac{1}{2}}=$ _____。

9. 已知 $f'(x)\big|_{x=1}=2$，则 $\lim\limits_{x\to 1}\dfrac{f(x)-f(1)}{x-1}=$ _____。

10. 已知函数 $y=\mathrm{e}^{x^2}$，则 $y'=$ _____。

三、计算题

1. 已知由方程 $y^2-3xy+2y+5=0$ 所确定的函数 $y=y(x)$，求 $\dfrac{\mathrm{d}y}{\mathrm{d}x}$。

2. 已知 $y=(\sin x)^{3x}$，求 y'。

3. 由方程 $x-y+\dfrac{1}{2}\cos y=0$ 确定隐函数，求 y 的二阶导数 y''。

4. 求曲线 $\begin{cases} x=\mathrm{e}^t\sin t \\ y=\mathrm{e}^t \end{cases}$ 在对应点 $t=\dfrac{\pi}{4}$ 处的切线方程和法线方程。

5. 已知 $f(x)=\begin{cases} \mathrm{e}^{ax+3} & (x\geqslant 0) \\ x^2+x+b & (x<0) \end{cases}$ 在 $x=0$ 处可导，求 a，b 的值。

模块 13　微分中值定理及洛必达法则

学习要求

（1）理解罗尔定理和拉格朗日中值定理成立的条件。
（2）能够利用洛必达法则计算两个常见未定型的极限。
（3）能够把未定型的极限化为常见未定型的极限。

任务 37　微分中值定理

1. 罗尔定理

定义：

如果函数 $y=f(x)$ 满足：①在闭区间 $[a,b]$ 上连续；②在开区间 (a,b) 内可导；③$f(a)=f(b)$，则在开区间 (a,b) 内至少存在一点 ξ，使 $f'(\xi)=0$。

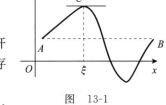

图　13-1

几何意义：如图 13-1 所示，曲线 $y=f(x)$ 上至少存在一点，使在该点处的切线与 x 轴平行。

【例 13-1】　下列函数在给定区间满足罗尔定理条件的是（　　）。

A. $y=\dfrac{\sqrt{1+x^2}}{x^2}$，$[-1,1]$
B. $y=\mathrm{e}^{1-x^2}$，$[-1,1]$

C. $y=(1+2x)^{\frac{1}{3}}$，$[-1,1]$
D. $y=\cos x$，$[0,\pi]$

解：A 选项，该函数在 $x=0$ 处不连续，所以不满足罗尔定理。

C 选项，$f(-1)=-1\neq f(1)=3^{\frac{1}{3}}$，所以不满足罗尔定理。

D 选项，$\cos 0=1\neq\cos\pi=-1$，所以不满足罗尔定理。

故答案为 B 选项。

规律方法

　　要应用罗尔定理，必须满足三个条件，缺一不可。

2. 拉格朗日中值定理

定义：

如果函数 $y=f(x)$ 满足：①在闭区间 $[a,b]$ 上连续；②在开区间 (a,b) 内可导，则在开区间 (a,b) 内至少存在一点 ξ，使

$$f'(\xi) = \frac{f(b)-f(a)}{b-a}$$

上式也可写为

$$f(b)-f(a) = f'(\xi)(b-a)$$

几何意义：如图 13-2 所示，曲线 $y=f(x)$ 上至少存在一点，使在该点处的切线与两端点连接的直线平行。

推论 1：如果函数 $y=f(x)$ 在区间 (a,b) 内可导且导数 $f'(x)\equiv0$，则

$$f(x)=C \quad （C \text{ 为常数}）$$

推论 2：如果函数 $f(x)$ 与 $g(x)$ 在区间 (a,b) 内可导且 $f'(x)=g'(x)$，则

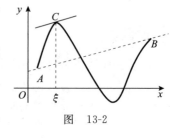

图 13-2

$$f(x)-g(x)=C \quad （C \text{ 为常数}）$$

【例 13-2】 下列函数在给定区间满足拉格朗日中值定理条件的是（　　）。

A. $y=\log_2\sqrt[3]{x^2}$，$[-1,1]$

B. $y=\ln\sin x$，$\left[-\dfrac{\pi}{2},\dfrac{\pi}{2}\right]$

C. $y=x\mathrm{e}^{\sqrt{1-x}}$，$[-1,0]$

D. $y=\sqrt[3]{(1+x)^2}$，$[-2,2]$

解：A 选项，该函数在 $x=0$ 处不连续，所以不满足拉格朗日中值定理。

B 选项，该函数在 $\left[-\dfrac{\pi}{2},0\right]$ 内没有定义，即不连续。

D 选项，该函数在 $x=0$ 处不连续。

故答案为 C 选项。

【例 13-3】 求函数 $f(x)=\ln x$ 在区间 $[1,\mathrm{e}]$ 上满足拉格朗日中值定理结论的 ξ 值。

解：由题意可知，$f'(x)=\dfrac{1}{x}$，即 $f'(\xi)=\dfrac{1}{\xi}$。

由拉格朗日中值定理可得

$$f'(\xi)=\frac{\ln\mathrm{e}-\ln1}{\mathrm{e}-1}=\frac{1}{\xi}$$

于是得

$$\xi=\mathrm{e}-1$$

任务38　洛必达法则

1. 未定型极限的概念

两个无穷小量之比或两个无穷大量之比的极限，即 $\dfrac{0}{0}$ 型或 $\dfrac{\infty}{\infty}$ 型，称为未定型极限。

除以上两种类型外，还有 $0\cdot\infty$，$\infty-\infty$，0^0，1^∞，∞^0 等未定型，可以将其化为以上两种类型。

2. $\dfrac{0}{0}$ 型的洛必达法则

若函数 $f(x)$ 与 $g(x)$ 满足：

① $\lim\limits_{x \to x_0} f(x) = 0, \lim\limits_{x \to x_0} g(x) = 0$；

② 在点 x_0 的某邻域内可导，且 $g'(x) \neq 0$；

③ $\lim\limits_{x \to x_0} \dfrac{f'(x)}{g'(x)} = A$ 或 ∞，则

$$\lim_{x \to x_0} \frac{f(x)}{g(x)} = \lim_{x \to x_0} \frac{f'(x)}{g'(x)} \quad 或 \quad \lim_{x \to x_0} \frac{f(x)}{g(x)} = \infty$$

理解提示

(1) 以上法则中 $x \to x_0$ 换为 $x \to \infty$ 仍然成立。

(2) 若 $f(x)$ 与 $g(x)$ 满足 $\dfrac{\infty}{\infty}$，该法则仍然适用。

【例 13-4】 求 $\lim\limits_{x \to 1} \dfrac{x^3 - 3x + 2}{x^3 - x^2 - x + 1}$。

解：$\lim\limits_{x \to 1}(x^3 - 3x + 2) = 0, \lim\limits_{x \to 1}(x^3 - x^2 - x + 1) = 0$，于是有

$$\lim_{x \to 1} \frac{x^3 - 3x + 2}{x^3 - x^2 - x + 1} = \lim_{x \to 1} \frac{3x^2 - 3}{3x^2 - 2x - 1} = \lim_{x \to 1} \frac{6x}{6x - 2} = \frac{3}{2}$$

【例 13-5】 求 $\lim\limits_{x \to +\infty} \dfrac{\ln x}{x^3}$。

解：$\lim\limits_{x \to +\infty} \ln x = \infty, \lim\limits_{x \to +\infty} x^3 = \infty$，于是有

$$\lim_{x \to +\infty} \frac{\ln x}{x^3} = \lim_{x \to +\infty} \frac{\dfrac{1}{x}}{3x^2} = \lim_{x \to +\infty} \frac{1}{3x^3} = 0$$

【例 13-6】 求 $\lim\limits_{x \to 0} \dfrac{x - \sin x}{x^3}$。

解：

解法 1：$\quad \lim\limits_{x \to 0} \dfrac{x - \sin x}{x^3} = \lim\limits_{x \to 0} \dfrac{1 - \cos x}{3x^2} = \lim\limits_{x \to 0} \dfrac{\sin x}{6x} = \lim\limits_{x \to 0} \dfrac{\cos x}{6} = \dfrac{1}{6}$

解法 2：$\quad \lim\limits_{x \to 0} \dfrac{x - \sin x}{x^3} = \lim\limits_{x \to 0} \dfrac{1 - \cos x}{3x^2} = \lim\limits_{x \to 0} \dfrac{\dfrac{1}{2}x^2}{3x^2} = \dfrac{1}{6}$

规律方法

(1) 应用洛必达法则时，一定是对分子、分母分别同时求导再求极限，而不是对整个分式求导，更不能仅对分子或分母求导。

(2) 应用洛必达法则的过程中，可以与求极限的技巧结合使用。

【例 13-7】 求 $\lim\limits_{x \to 0} \left(\dfrac{1}{x} - \dfrac{1}{\sin x} \right)$。

解：$\lim\limits_{x \to 0} \dfrac{1}{x} = \infty, \lim\limits_{x \to 0} \dfrac{1}{\sin x} = \infty$，于是有

$$\lim_{x \to 0}\left(\frac{1}{x} - \frac{1}{\sin x}\right) = \lim_{x \to 0}\frac{\sin x - x}{x \sin x} = \lim_{x \to 0}\frac{\cos x - 1}{\sin x + x \cos x} = \lim_{x \to 0}\frac{-\sin x}{2\cos x - x \sin x} = 0$$

【例 13-8】 求 $\lim\limits_{x \to 0^+} x^a \ln x \, (a > 0)$。

解：$\lim\limits_{x \to 0^+} x^a = 0$，$\lim\limits_{x \to 0^+} \ln x = -\infty$，于是有

$$\lim_{x \to 0^+} x^a \ln x = \lim_{x \to 0^+}\frac{\ln x}{x^{-a}} = \lim_{x \to 0^+}\frac{\frac{1}{x}}{-a x^{-a-1}} = \lim_{x \to 0^+}\frac{1}{-a x^{-a}} = \lim_{x \to 0^+}\left(-\frac{1}{a}\right)x^a = 0$$

【例 13-9】 求 $\lim\limits_{x \to +\infty}\left(1 + \frac{1}{x}\right)^{\ln x}$。

解：$\lim\limits_{x \to +\infty}\left(1 + \frac{1}{x}\right) = 1$，$\lim\limits_{x \to +\infty} \ln x = +\infty$，于是有

$$\lim_{x \to +\infty}\left(1 + \frac{1}{x}\right)^{\ln x} = \lim_{x \to +\infty}\left(1 + \frac{1}{x}\right)^{x \cdot \frac{\ln x}{x}} = e^{\lim\limits_{x \to +\infty}\frac{\ln x}{x}}$$

而 $\lim\limits_{x \to +\infty}\frac{\ln x}{x} = \lim\limits_{x \to +\infty}\frac{\frac{1}{x}}{1} = \lim\limits_{x \to +\infty}\frac{1}{x} = 0$，所以

$$\lim_{x \to +\infty}\left(1 + \frac{1}{x}\right)^{\ln x} = e^{\lim\limits_{x \to +\infty}\frac{\ln x}{x}} = e^0 = 1$$

【例 13-10】 求 $\lim\limits_{x \to 0^+}(x^2 + x)^x$。

解：$\lim\limits_{x \to 0^+}(x^2 + x) = 0$，$\lim\limits_{x \to 0^+} x = 0$，于是有

$$\lim_{x \to 0^+}(x^2 + x)^x = \lim_{x \to 0^+} e^{\ln(x^2+x)^x} = \lim_{x \to 0^+} e^{x\ln(x^2+x)}$$

而 $\lim\limits_{x \to 0^+} x\ln(x^2 + x) = \lim\limits_{x \to 0^+}\frac{\ln(x^2+x)}{\frac{1}{x}} = \lim\limits_{x \to 0^+}\frac{\frac{2x+1}{x^2+x}}{-\frac{1}{x^2}} = \lim\limits_{x \to 0^+}\left(-\frac{2x^2+x}{x+1}\right) = 0$，所以

$$\lim_{x \to 0^+}(x^2 + x)^x = \lim_{x \to 0^+} e^{\ln(x^2+x)^x} = \lim_{x \to 0^+} e^{x\ln(x^2+x)} = e^0 = 1$$

【例 13-11】 求 $\lim\limits_{x \to +\infty}\sqrt[x]{x}$。

解：$\lim\limits_{x \to +\infty}\sqrt[x]{x} = \lim\limits_{x \to +\infty} x^{\frac{1}{x}}$，$\lim\limits_{x \to +\infty}\frac{1}{x} = 0$，$\lim\limits_{x \to +\infty} x = +\infty$，于是有

$$\lim_{x \to +\infty}\sqrt[x]{x} = \lim_{x \to +\infty} x^{\frac{1}{x}} = \lim_{x \to +\infty} e^{\ln x^{\frac{1}{x}}} = \lim_{x \to +\infty} e^{\frac{1}{x}\ln x} = e^{\lim\limits_{x \to +\infty}\frac{\ln x}{x}} = e^{\lim\limits_{x \to +\infty}\frac{1}{x}} = 1$$

规律方法

对 $0 \cdot \infty$，$\infty - \infty$，0^0，1^∞，∞^0 几种未定型的极限，需将其化简成 $\frac{\infty}{\infty}$ 或 $\frac{0}{0}$ 型，然后利用洛必达法则求极限，常用的转化思路技巧如图 13-3 所示。

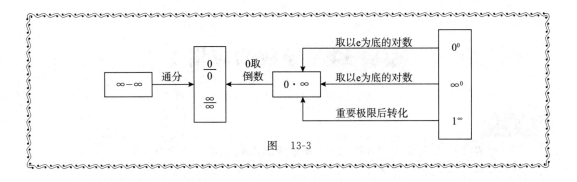

图　13-3

练　习　题

A 组

1.已知 $f(x)=1-x^4$ 在闭区间 $[-1,1]$ 上满足罗尔定理,则在开区间 $(-1,1)$ 内使 $f'(\xi)=0$ 成立的 $\xi=$ _____。

2.在闭区间 $[-1,1]$ 上满足罗尔定理的函数是(　　)。

  A. $f(x)=\dfrac{1}{x}$ B. $f(x)=x$ C. $f(x)=x^2$ D. $f(x)=1-x$

3.下列函数中,在区间 $[-1,1]$ 上满足罗尔定理条件的是(　　)。

  A. $y=e^x$ B. $y=\ln|x|$ C. $y=1-x^2$ D. $y=\dfrac{1}{x^2}$

4.计算下列极限。

(1) $\lim\limits_{x\to+\infty}\dfrac{e^x}{\ln(1+x)}$ (2) $\lim\limits_{x\to0}\dfrac{e^x-e^{-x}}{\sin x}$ (3) $\lim\limits_{x\to1}\dfrac{\dfrac{1}{2}x^2-x}{\ln x-x+1}$

5.若函数 $f(x)=x^2+kx+3$ 在区间 $[-1,3]$ 上满足罗尔定理,求 k 的值。

B 组

1.若函数 $f(x)$ 在 $[a,b]$ 上可导,且 $f(a)=f(b)$,则 $f'(x)=0$ 在 (a,b) 内(　　)。

  A. 至少有一实根   B. 只有一个实根

  C. 没有实根   D. 不一定有实根

2.函数 $f(x)=(x-1)(x-2)(x-3)$,则方程 $f'(x)=0$ 的根至少有(　　)个。

  A. 0   B. 1   C. 2   D. 3

3.设函数 $f(x)$ 在区间 $[0,1]$ 上连续,在开区间 $(0,1)$ 内可导,且 $f(0)=1,f(1)=0$,证明:至少存在一点 $\xi\in(0,1)$,使 $f'(\xi)=-\dfrac{f(\xi)}{\xi}$。

4.设函数 $f(x)$ 在区间 $[0,1]$ 上连续,在开区间 $(0,1)$ 内可导,且 $f(0)=1,f(1)=2$,证明:至少存在一点 $\xi\in(0,1)$,使 $f'(\xi)=2\xi+1$ 成立。

5.计算下列极限。

(1) $\lim\limits_{x\to0^+}x^x$ (2) $\lim\limits_{x\to0}(x+e^x)^{\frac{1}{x}}$ (3) $\lim\limits_{x\to0^+}x^n\ln x$ $(n>0)$

模块 14　导数的应用 1

（1）理解导数与函数单调性的关系，并掌握求函数单调性的步骤。

（2）理解函数极值的定义。

（3）理解导数与函数极值的关系，并掌握求函数单调性的步骤。

（4）掌握函数最值的求解思路。

（5）了解常见经济函数、边际问题及弹性问题。

任务 39　导数与函数单调性

1. 导数与函数单调性的关系

设函数 $f(x)$ 在区间 $[a,b]$ 上连续，在区间 (a,b) 内可导，则有

（1）若在 (a,b) 内 $f'(x)>0$，则函数 $f(x)$ 在 (a,b) 内单调递增；

（2）若在 (a,b) 内 $f'(x)<0$，则函数 $f(x)$ 在 (a,b) 内单调递减。

【例 14-1】　函数 $f(x)$ 在区间 $(2,5)$ 内满足 $f'(x)<0$ 是 $f(x)$ 在区间 $(2,5)$ 内单调递减的（　　）条件。

A. 充分不必要　　　　　　　　　B. 必要不充分

C. 充要　　　　　　　　　　　　D. 不充分也不必要

解：由 $f'(x)<0$ 可得 $f(x)$ 在区间 $(2,5)$ 内单调递减，而 $f(x)=x^3$ 在 $(-\infty,+\infty)$ 单调递增，$f'(0)=0$。

2. 利用导数求函数单调性的常规步骤

（1）确定函数 $f(x)$ 的定义域。

（2）求出 $f'(x)=0$ 的点和 $f'(x)$ 没有定义的点，并以这些点为分界点将定义域分成若干个子区间。

（3）讨论 $f'(x)$ 在各子区间内的符号，从而确定函数单调性。

【例 14-2】　分析函数 $f(x)=x^3-3x$ 的单调性。

解：因为 $f'(x)=3x^2-3$，令 $f'(x)=0$，即 $3x^2-3=0$，可得 $x_1=1$ 或 $x_2=-1$。它们将函数定义域划分为 $(-\infty,-1),(-1,1),(1,+\infty)$。

当 $x\in(-\infty,-1)$ 时，有 $f'(x)>0$。

当 $x\in(-1,1)$ 时，有 $f'(x)<0$。

当 $x\in(1,+\infty)$ 时，有 $f'(x)>0$。

综上所述,函数 $f(x)$ 在 $(-\infty,-1)$ 和 $(1,+\infty)$ 单调递增,在 $(-1,1)$ 单调递减。

3. 利用单调性证明不等式

【例 14-3】　证明:当 $x>0$ 时,$x>\ln(1+x)$。

证明:令 $f(x)=x-\ln(1+x)$,因为 $f'(x)=1-\dfrac{1}{1+x}=\dfrac{x}{1+x}$,当 $x>0$ 时,$f'(x)>0$,$f(x)$ 在 $(0,+\infty)$ 单调递增,所以 $f(x)$ 在 $(0,+\infty)$ 的最小值为 0,有

$$x-\ln(1+x)>0$$

即

$$x>\ln(1+x)$$

规律方法

(1) 构造新函数 $F(x)$,一般为不等式两边移项即可。

(2) 求 $F'(x)$(有时会求二阶导数),进而分析函数的单调性。

(3) 利用单调性寻找特殊点(一般为端点值或函数值为 0 的点),求值即可。

任务 40　导数与函数的极值

1. 函数极值的定义

设函数 $y=f(x)$ 在点 x_0 的某个邻域内有定义,若该邻域内任意一点 $x(x\neq x_0)$ 有

(1) $f(x)<f(x_0)$,则称 $f(x_0)$ 为 $f(x)$ 的极大值,其中 x_0 为 $f(x)$ 的极大值点;

(2) $f(x)>f(x_0)$,则称 $f(x_0)$ 为 $f(x)$ 的极小值,其中 x_0 为 $f(x)$ 的极小值点。

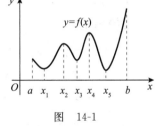

图　14-1

函数的极大值与极小值统称为函数的极值,极大值点与极小值点统称为极值点。

如图 14-1 所示,x_1,x_2,x_3,x_4,x_5 都是函数 $f(x)$ 的极值点。

理解提示

极值点的表示形式为该点的横坐标,即 $x=x_0$。

2. 函数的驻点

若 $f'(x_0)=0$,则称 x_0 为函数 $f(x)$ 的驻点。

【例 14-4】　求函数 $f(x)=x+2\cos x$ 在区间 $\left(0,\dfrac{\pi}{2}\right)$ 内的驻点。

解：因为 $f'(x)=1-2\sin x$，令 $f'(x)=0$，即 $1-2\sin x=0$，可得 $x=\dfrac{\pi}{6}$。

3. 极值的判定定理

定理 1：设函数 $f(x)$ 在点 x_0 处连续，且在点 x_0 的某一去心邻域内可导。

(1) 若 $f'(x)$ 在 x_0 邻域内满足左正右负，则 $f(x_0)$ 为 $f(x)$ 的极大值。

(2) 若 $f'(x)$ 在 x_0 邻域内满足左负右正，则 $f(x_0)$ 为 $f(x)$ 的极小值。

如图 14-2 所示，在 x_2 的左边，$f'(x)<0$；在 x_2 的右边，$f'(x)>0$。

定理 2：设函数 $f(x)$ 在点 x_0 的某个邻域内一阶可导，在 x_0 处二阶可导，在 x_0 处二阶可导，且 $f'(x)=0$，$f''(x_0)\neq0$。

(1) 若 $f''(x_0)>0$，则 $f(x_0)$ 为 $f(x)$ 的极小值。

(2) 若 $f''(x_0)<0$，则 $f(x_0)$ 为 $f(x)$ 的极大值。

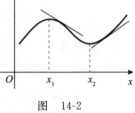

图 14-2

【例 14-5】 "x_0 是函数 $f(x)$ 的驻点"是"x_0 是函数 $f(x)$ 的极值点"的（　　）条件。

A. 充分不必要   B. 必要不充分

C. 充要   D. 既不充分也不必要

解：D。

【例 14-6】 "函数 $f(x)$ 在点 x_0 处满足 $f''(x_0)>0$"是"$f(x_0)$ 为函数 $f(x)$ 的极小值"的（　　）条件。

A. 充分不必要   B. 必要不充分

C. 充要   D. 既不充分也不必要

解：A。

规律方法

(1) 函数的极值点只能是驻点或不可导点。

(2) 若点 x_0 是函数的驻点且 $f''(x_0)=0$，则 $f(x_0)$ 可能是极值，也可能不是极值。

---

4. 利用导数求函数极值的一般步骤

(1) 确定函数 $f(x)$ 的定义域。

(2) 求出 $f'(x)=0$ 的点和 $f'(x)$ 没有定义的点，并以这些点为分界点将定义域分成若干个子区间。

(3) 讨论 $f'(x)$ 在各子区间内的符号，从而确定函数的极值和极值点。

【例 14-7】 求函数 $f(x)=x^3-6x^2+9x$ 的极值。

解：定义域是 $(-\infty,+\infty)$。

解法 1：因为 $f'(x)=3x^2-12x+9$，令 $f'(x)=0$，即 $3x^2-12x+9=0$，可得 $x_1=1$，$x_2=3$。函数定义域可分成 5 个子区间，如表 14-1 所示。

表 14-1

区间项目	区间 1	区间 2	区间 3	区间 4	区间 5
x	$(-\infty,1)$	1	$(1,3)$	3	$(3,+\infty)$
$f'(x)$	$+$	0	$-$	0	$+$
$f(x)$	↗	极大值	↘	极小值	↗

可知，极大值为 $f(1)=4$，极小值为 $f(3)=0$。

解法 2：因为 $f'(x)=3x^2-12x+9$，$f''(x)=6x-12$，令 $f'(x)=0$，则 $x_1=1,x_2=3$。

又因为 $f''(1)=-6<0$，所以 $f(1)=4$ 为极大值；因为 $f''(3)=6>0$，所以 $f(3)=0$ 为极小值。

任务 41　导数与函数的最值

1. 求函数在区间 $[a,b]$ 上最值的一般步骤

(1) 求出函数 $y=f(x)$ 在区间 (a,b) 内的所有驻点和 $f'(x)$ 不可导点。

(2) 求出 (1) 中所有点的函数值和端点的函数值。

(3) 比较这些函数值的大小，其中最大的就为最大值，最小的就为最小值。

【例 14-8】　求函数 $f(x)=\dfrac{1}{3}x^3-3x^2+5x$ 在区间 $[0,4]$ 上的最值。

解：因为 $f'(x)=x^2-6x+5$，令 $f'(x)=0$，可得 $x_1=1,x_2=5$(舍)。

而 $f(0)=0,f(4)=-\dfrac{20}{3},f(1)=\dfrac{7}{3}$，可知，函数 $f(x)$ 在区间 $[0,4]$ 上的最大值为 $f(1)=\dfrac{7}{3}$，最小值为 $f(4)=-\dfrac{20}{3}$。

2. 函数最值的应用

1）常见的经济函数

经济学中常见的经济函数有需求函数、供给函数、成本函数、收益函数和利润函数。

(1) 需求函数。需求量受很多因素影响，这里只考虑价格对需求的影响，设 Q 为商品的需求量，p 表示商品的价格，则需求函数为 $Q=Q(p)$，体现的是需求量随商品价格变化的关系。

需求函数的反函数即为价格函数，一般记为 $p=p(Q)$，体现的是价格随需求量变化的关系。

(2) 供给函数。经济学中，影响商品供给量的重要因素为商品价格，记商品供给量为 S，供给函数为 $S=S(p)$，一般情况下，商品供给量随商品价格上涨而增加。

(3) 成本函数。

① 总成本函数：$C=C(Q)=C_1+C_2(Q)$。其中，C_1 为固定成本，C_2 为可变成本。

② 平均成本函数：$\overline{C}=\dfrac{C(Q)}{Q}=\dfrac{C_1+C_2(Q)}{Q}$。

（4）收益函数。

① 总收益函数：$R = R(Q) = p(Q)Q$。

② 平均收益函数：$\overline{R} = \dfrac{R(Q)}{Q} = \dfrac{p(Q)Q}{Q}$。

（5）利润函数。

总利润函数：$L = L(Q) = R(Q) - C(Q)$。

【例 14-9】 某厂每批生产 x 吨某商品的平均单位成本函数为 $\overline{C}(x) = x + 4 + \dfrac{10}{x}$（万元/吨），商品销售价格为 p（万元/吨），它与产量 x（吨）的关系为 $5x + p - 28 = 0$，请问：①写出总成本函数 $C(x)$；②写出总收益函数 $R(x)$；③计算每批产量为多少时，才能使商品全部销售后获得的总利润 L 最大，最大利润是多少？

解：

（1）总成本函数：
$$C(x) = x\overline{C}(x) = x^2 + 4x + 10$$

（2）总收益函数：
$$R(x) = px = (28 - 5x)x = -5x^2 + 28x$$

（3）利润函数：
$$L(x) = R(x) - C(x) = -6x^2 + 24x - 10$$

令 $f'(x) = 0$，即 $-12x + 24 = 0$，得 $x = 2$。

可知，当 $x = 2$ 时，$L(x)$ 取得最大值，即
$$L(x)_{\max} = L(2) = 14$$

2）边际分析

在经济学中，边际通常是指经济变量的变化率。利用导数研究经济变量的边际变化方法，即边际分析方法。例如，利润函数 $L(q)$，$L'(q_0)$ 的经济意义：近似等于产量为 q_0 时，再增加一个单位产品所增加的利润，这是因为
$$L(q+1) - L(q) = \Delta L(q) \approx L'(q)$$

三个常见的边际概念如下。

（1）边际成本
$$C' = C'(Q)$$

（2）边际收益
$$R' = R'(Q)$$

（3）边际利润
$$L' = L'(Q)$$

【例 14-10】 （1）设某个公司生产 Q 件产品的成本为 $C(Q) = 10000 + 5Q + 0.01Q^2$，求当产量 $Q = 500$ 时，产量再增加一个单位，总成本近似增加多少个单位？

（2）设产品的价格函数为 $p = 2000 - 10Q$，其中 Q 为销售量，p 为价格，求销售量为 100 个单位时，每增加一个单位，总收益的变化情况？

（3）某工厂的单位利润函数为 $l(Q) = 250Q - 5Q^2$，其中 Q 为产量，求产量分别为 20，25，30 时，总利润的变化情况？

解：

(1) 因为 $C'(Q)=5+0.02Q$，所以 $C'(500)=5+10=15$。

由上可知，每增加一个单位，总成本近似增加 15 个单位。

(2) 由题意可得，总收益 $R(x)=pQ=(2000-10Q)Q=-10Q^2+2000Q$，而 $R'(x)=-20Q+2000$。

可知，$R'(100)=-20\times100+2000=0$。即当销售量为 100 个单位时，每增加一个单位，总收益没有变化。

(3) 由题意可得，总利润函数 $L(Q)=l(Q)Q=250Q^2-5Q^3$，而 $L'(Q)=500Q-15Q^2$。

由上可知，$L'(20)=4000,L'(25)=3125,L'(30)=1500$。即当产量分别为 $20,25,30$ 时，总利润会分别增加 $4000,3125,1500$ 个单位。

3）弹性分析

定义：设函数 $y=f(x)$ 在 x 处可导，则 $y=f(x)$ 在点 x 处的弹性可记作 $\dfrac{Ey}{Ex}=x\cdot\dfrac{f'(x)}{f(x)}$，其中 $\dfrac{Ey}{Ex}=x\cdot\dfrac{f'(x)}{f(x)}$ 的值与 x 有关，是 x 的函数，称为弹性函数。它反映随 x 的变化 $f(x)$ 的变化大小，即为 $f(x)$ 对 x 变化反应的强烈程度或灵敏度。

当 $x=x_0$ 时，弹性为 $\dfrac{Ey}{Ex}\Big|_{x=x_0}=x_0\cdot\dfrac{f'(x_0)}{f(x_0)}$，其意义是当 $x=x_0$ 时，若自变量变化 1%，函数值 y 将变化 $\dfrac{Ey}{Ex}\Big|_{x=x_0}\%$。

如需求量对价格的弹性：

$$\frac{EQ}{EP}=P\frac{Q'(P)}{Q(P)}$$

【例 14-11】 设某商品的需求函数为 $Q(p)=e^{-\frac{p}{5}}$，其中 p 为价格，Q 为需求量。求：

(1) 需求弹性函数。

(2) 当 $p=3,p=5,p=6$ 时的需求函数。

解： 由题意可知，$Q'(p)=-\dfrac{1}{5}e^{-\frac{1}{5}p}$，那么

(1) 弹性函数为 $\dfrac{EQ}{Ep}=p\dfrac{Q'(P)}{Q(P)}=p\cdot\dfrac{-\dfrac{1}{5}e^{-\frac{1}{5}p}}{e^{-\frac{1}{5}p}}=-\dfrac{p}{5}$；

(2) 由题意可知，$Q(3)=e^{-\frac{3}{5}},Q(5)=e^{-1},Q(6)=e^{-\frac{6}{5}}$。

练　习　题

A 组

1.求函数 $f(x)=x-\sqrt{x}$ 的单调减少区间。

2.求函数 $f(x)=\dfrac{1}{3}x^3-x^2+1$ 的极小值点。

3.求函数 $y=\ln(1+x^2)$ 在区间 $[-2,1]$ 上的最大值。

4.已知函数 $f(x)=x-\dfrac{3}{2}\sqrt[3]{x^2}+\ln 3$，求函数的单调区间和极值。

B 组

1.当 $a=$ _____ 时，函数 $f(x)=a\sin x+\sin 3x$ 在 $x=\dfrac{\pi}{3}$ 处有极值。

2.若函数 $f(x)=(x-1)(x+1)^3$，则 $f(x)$ 的单调递增区间是( )。

    A. $(-\infty,-1)$ B. $\left(-1,\dfrac{1}{2}\right)$ C. $\left(\dfrac{1}{2},+\infty\right)$ D. $\left[-1,\dfrac{1}{2}\right]$

3.函数 $y=\dfrac{2}{3}x-\sqrt[3]{x^2}$ 的驻点和极值点的个数分别是( )。

    A. 1个驻点,2个极值点   B. 2个驻点,1个极值点

    C. 1个驻点,1个极值点   D. 2个驻点,2个极值点

4.已知函数 $f(x)=|x-3|+1$，则 $x=3$ 为 $f(x)$ 的( )。

    A. 极大值点   B. 极小值点   C. 非极值点   D. 间断点

5.已知函数 $f(x)=x+\dfrac{1}{x}+\cos\dfrac{\pi}{2}$，求函数在 $[-2,2]$ 的单调区间和极值。

6.证明:当 $x>0$ 时, $\ln(x+\sqrt{1+x^2})>\dfrac{x}{\sqrt{1+x^2}}$。

模块 15　导数的应用 2

(1) 理解曲线凹凸性的定义,能够利用导数分析函数的凹凸性。

(2) 理解曲线拐点的定义,掌握求曲线拐点的方法。

(3) 理解曲线渐近线的定义,掌握不同渐近线的求解方法。

任务 42　曲线的凹凸性及拐点

1. 曲线的凹凸性及拐点的定义

定义 1:设函数 $y=f(x)$ 在 (a,b) 内可导(见图 15-1)。

(1) 若曲线 $y=f(x)$ 在 (a,b) 内任意一点的切线总位于曲线的下方,则称曲线 $y=f(x)$ 在 (a,b) 内是上凹(下凸)的。

(2) 若曲线 $y=f(x)$ 在 (a,b) 内任意一点的切线总位于曲线的上方,则称曲线 $y=f(x)$ 在 (a,b) 内是下凹(上凸)的。

定义 2:连续曲线凹与凸的分界点称为拐点。

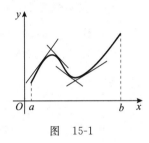

图　15-1

2. 判定定理

设函数 $y=f(x)$ 在 $[a,b]$ 上连续,在 (a,b) 内存在二阶导数。

(1) 若在 (a,b) 内 $f''(x)>0$,则曲线 $y=f(x)$ 在 (a,b) 内是上凹的。

(2) 若在 (a,b) 内 $f''(x)<0$,则曲线 $y=f(x)$ 在 (a,b) 内是下凹的。

【例 15-1】 "点 $(x_0,f(x_0))$ 是曲线 $y=f(x)$ 的拐点"是" $f''(x_0)=0$ 或 $f''(x_0)$ 不存在"的(　　)条件。

A. 充分不必要　　　　　　　　　　B. 必要不充分

C. 充要　　　　　　　　　　　　　D. 既不充分也不必要

解: A。例如,函数 $f(x)=0$,在 $x=0$ 处满足 $f''(0)=0$,但是 $(0,f(0))$ 不是函数 $f(x)=0$ 的拐点。

3. 求函数拐点的步骤

(1) 确定函数的定义域。

(2) 求出 $f''(x_0)=0$ 的点和 $f''(x_0)$ 不存在的点。

(3) 以上述点为分界点将定义域分成若干区间,并列表讨论 $f''(x)$ 在各区间内的符号,从而确定函数的凹凸区间和拐点。

【例 15-2】 函数 $y = x^4 - 2x^3 + 1$ 在实数集 **R** 上的拐点个数为（　　）。

A. 0   B. 1   C. 2   D. 4

解：由题意可知，$y'' = 12x^2 - 12x$。

令 $y'' = 0$，即 $12x^2 - 12x = 0$，可得 $x_1 = 0, x_2 = 1$。当 $x \in (-\infty, 0)$ 时，$y'' > 0$；当 $x \in (0, 1)$ 时，$y'' < 0$；当 $x \in (1, +\infty)$ 时，$y'' > 0$。

所以，函数的拐点为 $x_1 = 0, x_2 = 1$。答案选 C。

任务 43　曲线的渐近线

1. 曲线的渐近线的定义

若曲线上的一个动点沿着曲线趋近于无穷远时，该点与某直线的距离趋近于 0，则称该直线为曲线的渐近线。

2. 曲线的渐近线的种类

曲线的渐近线可分为水平渐近线、垂直渐近线和斜渐近线。

（1）水平渐近线。若 $\lim\limits_{x \to \infty} f(x) = b$（$b$ 为常数），则称直线 $y = b$ 为曲线 $y = f(x)$ 的水平渐近线（见图 15-2）。其中，$x \to \infty$ 换为 $x \to +\infty$，$x \to -\infty$ 仍然成立。

【例 15-3】 求曲线 $y = \arctan x$ 的水平渐近线。

解：因为 $\lim\limits_{x \to +\infty} \arctan x = \dfrac{\pi}{2}$，$\lim\limits_{x \to -\infty} \arctan x = -\dfrac{\pi}{2}$，可知曲线 $y = \arctan x$ 的水平渐近线为 $y = -\dfrac{\pi}{2}, y = \dfrac{\pi}{2}$。

（2）垂直渐近线。若点 x_0 是曲线 $y = f(x)$ 的间断点，且 $\lim\limits_{x \to x_0} f(x) = \infty$，则称直线 $x = x_0$ 为曲线 $y = f(x)$ 的垂直渐近线（见图 15-3）。其中，$x \to x_0$ 换为 $x \to x_0^+$，$x \to x_0^-$ 仍然成立。

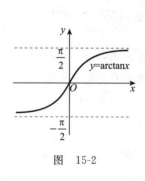

图 15-2

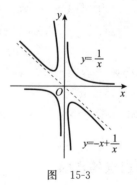

图 15-3

【例 15-4】 求 $y = \dfrac{3}{x-2}$ 的垂直渐近性。

解：由题意可知，$x = 2$ 为该曲线的间断点，且 $\lim\limits_{x \to 2} \dfrac{3}{x-2} = \infty$。可知直线 $x = 2$ 为该曲线

的垂直渐近线。

（3）斜渐近线。若 $\lim\limits_{x\to\infty}\dfrac{f(x)}{x}=k$，且 $\lim\limits_{x\to\infty}[f(x)-kx]=b$，则曲线 $y=f(x)$ 有斜渐近线 $y=kx+b$（见图 15-3）。

【例 15-5】 求曲线 $y=\dfrac{x^3}{x^2+2x-3}$ 的斜渐近线。

解：令 $f(x)=\dfrac{x^3}{x^2+2x-3}$，因为 $k=\lim\limits_{x\to\infty}\dfrac{f(x)}{x}=\dfrac{x^2}{x^2+2x-3}=1$，$b=\lim\limits_{x\to\infty}[f(x)-kx]=$ $\lim\limits_{x\to\infty}\left[\dfrac{x^3}{x^2+2x-3}-x\right]=-2$，所以，曲线的斜渐近线方程为 $y=x-2$。

练 习 题

A 组

1．曲线 $y=2-(x+1)^5$ 的拐点为 _____ 。

2．已知 $f'(x)<0$，$f''(x)>0$，则 $f(x)$ 在区间 $[0,1]$ 上（   ）。

    A．单增且凹　　　　B．单减且凹　　　　C．单增且凸　　　　D．单减且凸

3．已知点 $(1,3)$ 是曲线 $y=ax^4+bx^3$ 的拐点，求 a，b 的值。

4．求曲线 $y=x\mathrm{e}^x$ 的凹凸性与拐点。

5．求曲线 $y=\dfrac{3x^2+2}{1-x^2}$ 的渐近线。

B 组

1．曲线 $y=\sqrt[3]{x}$ 的凹区间是 _____ ，凸区间是 _____ 。

2．点 $(0,1)$ 是函数 $y=x^3+1$ 的（   ）。

    A．驻点非拐点　　　　　　　　　　B．驻点与拐点

    C．拐点非驻点　　　　　　　　　　D．驻点非极值点

3．下列曲线中有水平渐近线的是（   ）。

    A．$f(x)=x+\mathrm{e}^{-x}$　　　　　　　　B．$f(x)=\mathrm{e}^{-x^2}$

    C．$f(x)=\sin x$　　　　　　　　　　D．$f(x)=\dfrac{x^3}{1+x^2}$

4．曲线 $y=\dfrac{\mathrm{e}^x}{x}$（   ）。

    A．仅有水平渐近线　　　　　　　　B．仅有垂直渐近线

    C．有水平、垂直渐近线　　　　　　D．无水平、垂直渐近线

5．已知点 $(1,1)$ 是曲线 $y=a\mathrm{e}^{\frac{1}{x}}+bx^2$ 的拐点，求常数 a，b 的值。

一元微分应用巩固练习

一、选择题

1. 下列函数中,在区间 $[1,e]$ 上满足拉格朗日中值定理条件的是( )。

    A. $\ln\ln x$ B. $\ln x$ C. $\dfrac{1}{\ln x}$ D. $|x-2|$

2. 若 $x_0 \in (a,b)$, $f'(x_0)=0$, $f''(x_0)<0$, 则 x_0 一定是 $f(x)$ 的( )。

    A. 极小值点   B. 极大值点   C. 最小值点   D. 最大值点

3. 下列说法中正确的是( )。

    A. 函数 $f(x)$ 的导数不存在的点,一定不是 $f(x)$ 的极值点

    B. 若 x_0 为函数 $f(x)$ 的驻点,则 x_0 必为 $f(x)$ 的极值点

    C. 若函数 $f(x)$ 在点 x_0 处有极值,且 $f'(x_0)$ 存在,则必有 $f'(x_0)=0$

    D. 若函数 $f(x)$ 在点 x_0 处连续,则 $f'(x_0)$ 一定存在

4. 已知 $f(x)$ 在区间 $[0,1]$ 上满足 $f'(x)<0$, $f''(x)>0$, 则在区间 $[0,1]$ 上曲线 $f(x)$ 为( )。

    A. 单增且凹   B. 单减且凹   C. 单增且凸   D. 单减且凸

5. 函数 $f(x)=x^4-2x^2$ 有( )个驻点。

    A. 1   B. 2   C. 3   D. 4

6. 已知函数 $f(x)=|x-1|$, 则 $(1,0)$ 为 $f(x)$ 的( )。

    A. 极大值点   B. 极小值点   C. 非极值点   D. 间断点

7. 函数 $y=x^3-3x^2$ 的单调增区间为( )。

    A. $(-\infty,0)$ B. $(2,+\infty)$

    C. $(-\infty,0)\bigcup(2,+\infty)$ D. $(0,2)$

8. 已知某产品的总利润 L 与销售量 x 之间的关系是 $L(x)=2x+\dfrac{x^3}{3}+1$, 则销售量 $x=2$ 时的边际利润为( )。

    A. 2   B. 6   C. 1   D. 5

9. 下列曲线中有水平渐近线的是( )。

    A. $f(x)=\tan x$ B. $f(x)=x^2-3x^3$

    C. $f(x)=\dfrac{x}{1+x}$ D. $f(x)=\ln\sqrt{x}$

10. "x_0 是函数 $f(x)$ 的驻点"是"x_0 是函数 $f(x)$ 的极值点"的( )条件。

    A. 充分不必要   B. 必要不充分

    C. 充要   D. 既不充分也不必要

二、填空题

1. 函数 $y=x\sqrt{4-x^2}$ 在区间 $[0,2]$ 上满足罗尔定理结论中的 $\xi=$ _____。

2. 函数 $y=x^x$ 在 $(0,1)$ 上的最小值为 _____。

3. $\lim\limits_{x\to 0}\dfrac{e^x-1-x}{x}=$ _____。

4. 设函数 $f(x)=x^3+ax^2+bx$ 在 $x=1$ 处的极值为 -2，则 $ab=$ _____。

5. $\lim\limits_{x\to0^+}x\ln x=$ _____。

三、计算题

1. 计算 $\lim\limits_{x\to0^+}x^{\sin x}$。

2. 计算 $\lim\limits_{x\to0}\left(\dfrac{1+x}{1-e^{-x}}-\dfrac{1}{x}\right)$。

3. 求函数 $f(x)=x-(x-1)^{\frac{2}{3}}$ 的单调区间与极值。

四、简答题

一工厂加工某种产品，固定成本为 1 万元，每多生产一百件产品，成本增加 2 万元，总收入 R（单位：万元）是产量 Q（单位：百件）的函数，设需求函数为 $Q=12-2p$。

（1）求利润函数。

（2）价格为何值时，利润最大？最大利润是多少？

（3）求当价格 $p=3$ 时的需求弹性，并解释所得结果的含义。

五、证明题

当 $x>0$ 时，$(x+1)^2>\ln(x+1)+1$。

第3部分

积分及其应用

模块 16　不 定 积 分

(1) 理解不定积分的概念。
(2) 掌握不定积分的四则运算法则和基本公式。
(3) 掌握直接积分法适用的几种类型的变换。

任务 44　不定积分的概念

1. 原函数

定义 1：设 $f(x)$ 是定义在区间 I 上的函数，如果存在可导函数 $F(x)$，使在区间 I 上对任意的 x 都满足 $F'(x)=f(x)$ 或 $\mathrm{d}F(x)=f(x)\mathrm{d}x$，则称函数 $F(x)$ 为 $f(x)$ 在 区间 I 上的一个原函数。

理解提示

$(x^2)'=2x$，可知 x^2 是 $2x$ 的一个原函数；$(x^2+3)'=2x$，可知 x^2+3 是 $2x$ 的一个原函数。

若 $F(x),\varphi(x)$ 都是 $f(x)$ 在某区间内的原函数，则 $F'(x)=\varphi'(x)$。

原函数的存在定理：设函数 $f(x)$ 在区间 (a,b) 内连续，则函数 $f(x)$ 在该区间的原函数一定存在。

2. 不定积分

定义 2：在区间 I 上函数 $f(x)$ 的全体原函数 $F(x)+C$ 称为 $f(x)$ 在该区间上的不定积分，记作 $\int f(x)\mathrm{d}x$，即

$$\int f(x)\mathrm{d}x = F(x)+C$$

其中，$\int$ 称为积分号；x 称为积分变量；$f(x)$ 称为被积函数；$f(x)\mathrm{d}x$ 称为被积表达式；C 称为积分常数。

理解提示

求不定积分时，结果切记要"$+C$"。

【例 16-1】 判断下列说法是否正确。

(1) 因为 $(e^x)' = e^x$，所以 $\int e^x dx = e^x$。

(2) 因为 $\dfrac{1}{x}$ 的一个原函数为 $\ln|x|$ 或 $\ln|x| + 2$，所以 $\int \dfrac{1}{x} dx$ 不存在。

解：

(1) 说法错误，不定积分一定有积分常量，即 $\int e^x dx = e^x + C$。

(2) 说法错误，$\int \dfrac{1}{x} dx = \ln|x| + C$。

任务 45　不定积分的四则运算与基本公式

1. 不定积分的四则运算法则

设函数 $f(x), g(x)$ 的原函数存在，k 为非零常数，则

(1) $\int [f(x) \pm g(x)] dx = \int f(x) dx \pm \int g(x) dx$

(2) $\int kf(x) dx = k \int f(x) dx$

(3) $\dfrac{d}{dx} \left[\int f(x) dx \right] = f(x)$；$d \int f(x) dx = f(x) dx$

(4) $\int f'(x) dx = f(x) + C$；$\int df(x) = f(x) + C$

理解提示

(1) 性质(1)可以推广到有限个函数相加。

(2) 性质(2)中常数 k 为非零常数；否则，性质(2)不成立。

(3) 性质(3)和性质(4)说明，微分(导数)与不定积分的运算是互逆的。

【例 16-2】 若函数 $f(x)$ 可导，下列等式中成立的有哪些？

(1) $\int f'(x) dx = f(x)$　　　　　　　　(2) $d \int df(x) = f'(x)$

(3) $\dfrac{d}{dx} \int f(x) dx = f(x)$　　　　　　(4) $d \int f(x) dx = f(x) dx$

解：成立的式子有(3)和(4)。

2. 基本积分公式

(1) $\int k dx = kx + C$（k 为常数）

(2) $\int x^n dx = \dfrac{1}{n+1} x^{n+1} + C$（$n \neq -1$）

(3) $\int \dfrac{dx}{x} = \ln|x| + C$

(4) $\int a^x \, dx = \dfrac{1}{\ln a} a^x + C$

(5) $\int \sin x \, dx = -\cos x + C$

(6) $\int \cos x \, dx = \sin x + C$

(7) $\int \sec^2 x \, dx = \tan x + C$

(8) $\int \csc^2 x \, dx = -\cot x + C$

(9) $\int \sec x \tan x \, dx = \sec x + C$

(10) $\int \csc x \cot x \, dx = -\csc x + C$

(11) $\int \dfrac{1}{\sqrt{1-x^2}} dx = \arcsin x + C$

(12) $\int \dfrac{1}{\sqrt{1-x^2}} dx = -\arccos x + C$

(13) $\int \dfrac{1}{1+x^2} dx = \arctan x + C$

(14) $\int \dfrac{1}{1-x^2} dx = -\text{arccot} x + C$

【**例 16-3**】 计算下列不定积分。

(1) $\int 2x^2 \, dx$ 　　　　(2) $\int \sqrt[3]{x^5} \, dx$ 　　(3) $\int \left(\sin x + \dfrac{9}{x} \right) dx$

(4) $\int (\sqrt{x} + 1)(x - \sqrt{x}) \, dx$ 　　(5) $\int \dfrac{x^2-1}{x^2+1} dx$ 　　(6) $\int \sin^2 \dfrac{x}{2} dx$

解:

(1) $\int 2x^2 \, dx = 2 \int x^2 \, dx = \dfrac{2}{3} x^3 + C$

(2) $\int \sqrt[3]{x^5} \, dx = \int x^{\frac{5}{3}} \, dx = \dfrac{1}{1+\frac{5}{3}} x^{1+\frac{5}{3}} + C = \dfrac{3}{8} x^{\frac{8}{3}} + C$

(3) $\int \left(\sin x + \dfrac{9}{x} \right) dx = \int \sin x \, dx + 9 \int \dfrac{1}{x} dx = -\cos x + 9 \ln |x| + C$

(4) $\int (\sqrt{x} + 1)(x - \sqrt{x}) \, dx = \int \left(x^{\frac{3}{2}} - x^{\frac{1}{2}} \right) dx = \dfrac{2}{5} x^{\frac{5}{2}} - \dfrac{2}{3} x^{\frac{3}{2}} + C$

(5) $\int \dfrac{x^2-1}{x^2+1} dx = \int \dfrac{x^2+1-2}{x^2+1} dx = \int \left(1 - \dfrac{2}{x^2+1} \right) dx = x - 2\arctan x + C$

(6) $\int \sin^2 \dfrac{x}{2} dx = \int \dfrac{1-\cos x}{2} dx = \dfrac{1}{2} (x - \sin x) + C$

┌───┐

规律方法

　　直接积分法求不定积分常见的变形:分项相加减、乘积展开、根式指数化、分子配项后对分式拆分及三角公式变换。

└───┘

练 习 题

A 组

1.若 $f(x)$ 的导数为 $\cos x$,则 $f(x)$ 的一个原函数为(　　)。

　　A. $1+\sin x$　　　　B. $1-\sin x$　　　　C. $1+\cos x$　　　　D. $1-\cos x$

2.若 $f(x)$ 的一个原函数为 $\ln x$,求 $f'(x)$ 。

3.设 $f(x)$ 的一个原函数为 $-\cos x+\dfrac{1}{3}\cos^3 x$,求 $\displaystyle\int f(x)\mathrm{d}x$ 。

4.已知 $\left(\displaystyle\int f(x)\mathrm{d}x\right)'=\arcsin x$,求 $f'(0)$ 。

5.计算下列不定积分。

　(1) $\displaystyle\int(\sqrt[3]{x^2}-1)^2\mathrm{d}x$ 　　　(2) $\displaystyle\int\tan^2 x\,\mathrm{d}x$ 　　　(3) $\displaystyle\int(2\mathrm{e}^x+3\cos x-1)\mathrm{d}x$

B 组

1.已知函数 $f(x)$ 为可导函数,且 $F(x)$ 为 $f(x)$ 的一个原函数,则下列等式中不成立的是(　　)。

　　A. $\mathrm{d}\left[\displaystyle\int f(x)\mathrm{d}x\right]=f(x)\mathrm{d}x$　　　　　　B. $\left(\displaystyle\int f(x)\mathrm{d}x\right)'=f(x)$

　　C. $\displaystyle\int F'(x)\mathrm{d}x=F(x)+C$　　　　　　D. $\displaystyle\int f'(x)\mathrm{d}x=F(x)+C$

2.下列式子中不正确的是(　　)。

　　A. $\mathrm{d}\displaystyle\int f(x)\mathrm{d}x=f(x)$　　　　　　　B. $\displaystyle\int\mathrm{d}f(x)=f(x)+C$

　　C. $\dfrac{\mathrm{d}}{\mathrm{d}x}\displaystyle\int f(x)\mathrm{d}x=f(x)$　　　　　　D. $\displaystyle\int f'(x)\mathrm{d}x=f(x)+C$

3.若 $\displaystyle\int f(x)\mathrm{d}x=x^2\ln x+C$,求 $f(x)$ 。

4.已知 $f'(\ln x)=1+2x$,求 $f(x)$ 。

5.计算下列不定积分。

　(1) $\displaystyle\int 3^x\mathrm{e}^x\mathrm{d}x$ 　　　(2) $\displaystyle\int\dfrac{2-x^2}{2+x^2}\mathrm{d}x$ 　　　(3) $\displaystyle\int\dfrac{\sqrt{1+x^2}}{\sqrt{1-x^4}}\mathrm{d}x$ 　　　(4) $\displaystyle\int\mathrm{e}^x\left(1-\dfrac{\mathrm{e}^{-x}}{\sqrt{x}}\right)\mathrm{d}x$

模块 17　不定积分的计算

(1) 理解凑微分法的思想,掌握两类换元积分法的适用情况。

(2) 掌握分部积分法的计算。

(3) 掌握有理函数的不定积分的计算。

任务 46　第一类换元积分法(凑微分法)

1. 定理

设 $f(u)$ 具有一个原函数 $F(u)$,$u=\varphi(x)$ 可导,则有

$$\int f[\varphi(x)]\varphi'(x)\mathrm{d}x = \int f[\varphi(x)]\mathrm{d}\varphi(x) = F[\varphi(x)] + C$$

用该定理求不定积分的方法称为第一类换元积分法(凑微分法)。

【例 17-1】　(1) 已知 $f(x)$ 的一个原函数为 $F(x)$,则 $\displaystyle\int f(\sin x)\cos x\,\mathrm{d}x =$ _____。

(2) 求 $\displaystyle\int 3x^2 \mathrm{e}^{x^3}\mathrm{d}x$。

解:

(1) $\displaystyle\int f(\sin x)\cos x\,\mathrm{d}x = \int f(\sin x)(\sin x)'\mathrm{d}x = \int f(\sin x)\mathrm{d}\sin x = F(\sin x) + C$

(2) $\displaystyle\int 3x^2 \mathrm{e}^{x^3}\mathrm{d}x = \int \mathrm{e}^{x^3}(x^3)'\mathrm{d}x = \int \mathrm{e}^{x^3}\mathrm{d}x^3 = \mathrm{e}^{x^3} + C$

规律方法

第一类换元法求不定积分的思路如下。

$$\int f[\varphi(x)]\varphi'(x)\mathrm{d}x \xrightarrow{①凑微分} \int f[\varphi(x)]\mathrm{d}\varphi(x)$$

$$\xrightarrow{②换元,令\ u = \varphi(x)} \int f(u)\mathrm{d}u = F(u) + C$$

$$\xrightarrow{③回代} F[\varphi(x)] + C$$

2. 常见的凑微分等式（a，b 为常数，$a \neq 0$）

（1）$\mathrm{d}x = \dfrac{1}{a}\mathrm{d}(ax+b)$

（2）$x^n\mathrm{d}x = \dfrac{1}{n+1}\mathrm{d}(x^{n+1})(n \neq -1)$

（3）$\dfrac{\mathrm{d}x}{x} = \mathrm{d}(\ln x)$

（4）$\mathrm{e}^x\mathrm{d}x = \mathrm{d}(\mathrm{e}^x)$

（5）$\sin x\,\mathrm{d}x = -\mathrm{d}(\cos x)$

（6）$\cos x\,\mathrm{d}x = \mathrm{d}(\sin x)$

（7）$\dfrac{1}{1+x^2}\mathrm{d}x = \mathrm{d}(\arctan x)$

（8）$\dfrac{1}{\sqrt{1-x^2}}\mathrm{d}x = \mathrm{d}(\arcsin x)$

（9）$\csc^2 x\,\mathrm{d}x = -\mathrm{d}(\cot x)$

（10）$\sec^2 x\,\mathrm{d}x = \mathrm{d}(\tan x)$

（11）$\csc x\cot x\,\mathrm{d}x = -\mathrm{d}\csc x$

（12）$\sec x\tan x\,\mathrm{d}x = \mathrm{d}(\sec x)$

【例 17-2】（1）若 $F'(x) = f(x)$，则 $\displaystyle\int \frac{f(\ln x)}{x}\mathrm{d}x = (\qquad)$。

A. $F(x)+C$ 　　　　B. $F(\ln x)+C$ 　　C. $f(x)+C$ 　　　　D. $f\left(\dfrac{1}{x}\right)+C$

（2）求 $\displaystyle\int \sin 2x\,\mathrm{d}x$。

解：

（1）$\displaystyle\int \frac{f(\ln x)}{x}\mathrm{d}x = \int f(\ln x)\cdot\frac{1}{x}\mathrm{d}x = \int f(\ln x)(\ln x)'\mathrm{d}x$

$\displaystyle\qquad\qquad = \int f(\ln x)\mathrm{d}(\ln x) = F(\ln x)+C$

（2）$\displaystyle\int \sin 2x\,\mathrm{d}x = \frac{1}{2}\int \sin 2x(2x)'\mathrm{d}x = \frac{1}{2}\int \sin 2x\,\mathrm{d}(2x)$

$\displaystyle\qquad\qquad = \frac{1}{2}(-\cos 2x)+C = -\frac{1}{2}\cos 2x+C$

任务 47　第二类换元积分法

1. 定理

设 $x = \varphi(t)$ 是单调可导函数，且 $\varphi'(t) \neq 0$，$\displaystyle\int f[\varphi(t)]\varphi'(t)\mathrm{d}t$ 具有原函数，则有

$$\int f(x)\mathrm{d}x \xrightarrow[\quad]{① \ \diagup x = \varphi(t)} \int f[\varphi(t)]\varphi'(t)\mathrm{d}t$$

$$\xrightarrow[\quad]{② \ 积分计算} F(t) + C$$

$$\xrightarrow[\quad]{③ \ 回代 \ t = \varphi^{-1}(x)} F[\varphi^{-1}(x)] + C$$

其中，$\varphi^{-1}(x)$ 是 $x = \varphi(t)$ 的反函数。这种方法称为第二类换元积分法。

理解提示

　　第二类换元积分法的关键是恰当地选择变换函数 $x = \varphi(t)$，要求单调可导，$\varphi'(t) \neq 0$ 且 $\varphi^{-1}(t)$ 存在。

2. 常见的换元类型

（1）当被积函数含一次式根式 $\sqrt[n]{ax+b}$（n 为整数，a，b 为常数，且 $a \neq 0$）时，可令 $t = \sqrt[n]{ax+b}$，则 $x = \dfrac{t^n - b}{a}$。

【**例 17-3**】　计算 $\displaystyle\int \frac{1}{\sqrt{1+x}}\mathrm{d}x$。

解：令 $t = \sqrt{1+x}$，则 $x = t^2 - 1$（$t \geqslant 0$），$\mathrm{d}x = 2t\,\mathrm{d}t$，于是

$$\int \frac{1}{\sqrt{1+x}}\mathrm{d}x = \int \frac{1}{t} \cdot 2t\,\mathrm{d}t = \int 2\mathrm{d}t = 2t + C$$

将 $t = \sqrt{1+x}$ 代回可得

$$\int \frac{1}{\sqrt{1+x}}\mathrm{d}x = 2\sqrt{1+x} + C$$

（2）当被积函数含有两种或两种以上根式 $\sqrt[m]{x}$，$\cdots$，$\sqrt[n]{x}$ 时，可令 $t = \sqrt[a]{x}$（a 为 m，n 的最小公倍数）。

【**例 17-4**】　计算 $\displaystyle\int \frac{1}{\sqrt{x} + \sqrt[3]{x^2}}\mathrm{d}x$。

解：令 $x = t^6$，则 $t = \sqrt[6]{x}$，$\mathrm{d}x = 6t^5\,\mathrm{d}t$，于是

$$\int \frac{1}{\sqrt{x} + \sqrt[3]{x^2}}\mathrm{d}x = \int \frac{1}{t^3 + t^4} \cdot 6t^5\,\mathrm{d}t = 6\int \frac{t^2}{1+t}\mathrm{d}t$$

$$= 6\int \frac{t^2 - 1 + 1}{1+t}\mathrm{d}t = 6\int \frac{(t-1)(t+1) + 1}{1+t}\mathrm{d}t$$

$$= 6\int \left(t - 1 + \frac{1}{1+t}\right)\mathrm{d}t$$

$$= 6\left[\frac{1}{2}t^2 - t + \ln(1+t)\right] + C$$

将 $t = \sqrt[6]{x}$ 代回，可得

$$\int \frac{1}{\sqrt{x} + \sqrt[3]{x^2}}\mathrm{d}x = 3[\sqrt[3]{x} - \sqrt[6]{x} + \ln(1+\sqrt[6]{x})] + C$$

（3）当被积函数含二次式的根式 $\sqrt{a^2 - x^2}$ 或 $\sqrt{a^2 + x^2}$ 时，一般使用三角代换。

理解提示

常见的三角代换有 $\sin^2 x + \cos^2 x = 1, 1 + \tan^2 x = \sec^2 x$。

【例 17-5】 计算 $\displaystyle\int \sqrt{1-x^2}\,\mathrm{d}x$。

解：令 $x = \sin t \left(-\dfrac{\pi}{2} < t < \dfrac{\pi}{2}\right)$，则 $\mathrm{d}x = \cos t\,\mathrm{d}t$，于是

$$\int \sqrt{1-x^2}\,\mathrm{d}x = \int \sqrt{1-\sin^2 t}\,\cos t\,\mathrm{d}t = \int \cos^2 t\,\mathrm{d}t$$

$$= \int \frac{1+\cos 2t}{2}\,\mathrm{d}t = \frac{1}{2}t + \frac{1}{4}\sin 2t + C$$

将 $\sin t = x$，$\cos t = \sqrt{1-x^2}$ 代回，可得

$$\int \sqrt{1-x^2}\,\mathrm{d}x = \frac{1}{2}\arcsin x + \frac{1}{2}x\sqrt{1-x^2} + C$$

规律方法

一般地，当 $x > 0$ 时，通常当被积函数含有：① $\sqrt{a^2 - x^2}$，可作代换 $x = a\sin t$；② $\sqrt{x^2 + a^2}$，可作代换 $x = a\tan t$；③ $\sqrt{x^2 - a^2}$，可作代换 $x = a\sec t$。

任务 48　分部积分法

1. 分部积分法的定义

设函数 $u = u(x)$ 及 $v = v(x)$ 具有连续导数，则有

$$\int u v'\,\mathrm{d}x = uv - \int u'v\,\mathrm{d}x$$

也可以写成 $\displaystyle\int u\,\mathrm{d}v = uv - \int v\,\mathrm{d}u$。该公式为分部积分公式。

理解提示

分部积分公式的使用，关键是 u 和 $\mathrm{d}v$ 的选取。

2. 分部积分法的使用

分部积分法常见的积分形式及 u 和 $\mathrm{d}v$ 的选取技巧如表 17-1 所示。

表　17-1

积 分 形 式	u 和 $\mathrm{d}v$ 的选取	目　　的
$\displaystyle\int p_n(x)\begin{Bmatrix}\mathrm{e}^x\\\sin x\\\cos x\end{Bmatrix}\mathrm{d}x$	$u = p_n(x)$ $\mathrm{d}v = \mathrm{e}^x\,\mathrm{d}x, \mathrm{d}v = \sin x\,\mathrm{d}x$ $\mathrm{d}v = \cos x\,\mathrm{d}x$	降低多项式 $p_n(x)$ 的次数

续表

积分形式	u 和 dv 的选取	目　的
$\int p_n(x)\begin{Bmatrix}\ln x\\\arcsin x\\\arctan x\end{Bmatrix}\mathrm{d}x$	$u=\ln x,u=\arcsin x$ $u=\arctan x$ $\mathrm{d}v=p_n(x)\mathrm{d}x$	消去 $\ln,\arcsin,\arctan$ 等函数的符号
$\int \mathrm{e}^x\begin{Bmatrix}\sin x\\\cos x\end{Bmatrix}\mathrm{d}x$	u 和 dv 随意选	"回头积分"

总之,选择 u 的顺序规则为"反对幂指三"。

【例 17-6】　计算下列不定积分。

(1) $\int x\cos x\,\mathrm{d}x$　　　(2) $\int x\arctan x\,\mathrm{d}x$　　　(3) $\int \ln x\,\mathrm{d}x$　　　(4) $\int \mathrm{e}^x\sin x\,\mathrm{d}x$

解:

(1) $\int x\cos x\,\mathrm{d}x=\int x(-\sin x)'\mathrm{d}x=-\int x\,\mathrm{d}(\sin x)=-\left[(x\sin x)-\int \sin x\,\mathrm{d}x\right]$

$\qquad =-x\sin x-\cos x+C$

(2) $\int x\arctan x\,\mathrm{d}x=\int \arctan x\left(\frac{1}{2}x^2\right)\mathrm{d}x=\frac{1}{2}x^2\arctan x-\int \frac{1}{2}x^2\,\mathrm{d}(\arctan x)$

$\qquad =\frac{1}{2}x^2\arctan x-\int \frac{1}{2}x^2\cdot\frac{1}{1+x^2}\mathrm{d}x$

$\qquad =\frac{1}{2}(x^2\arctan x-x+\arctan x)+C$

(3) $\int \ln x\,\mathrm{d}x=x\ln x-\int x\,\mathrm{d}(\ln x)=x\ln x-x+C$

(4) $\int \mathrm{e}^x\sin x\,\mathrm{d}x=-\mathrm{e}^x\cos x+\int \cos x\,\mathrm{d}\mathrm{e}^x=-\mathrm{e}^x\cos x+\mathrm{e}^x\sin x-\int \mathrm{e}^x\sin x\,\mathrm{d}x$

所以 $\int \mathrm{e}^x\sin x\,\mathrm{d}x=-\frac{1}{2}\mathrm{e}^x(\sin x-\cos x)$。

规律方法

"反对幂指三"的选取规则,谁在前谁为 u。

任务 49　简单有理函数的不定积分

1. 分母是二次多项式的有理函数的积分

所谓有理函数(有理分式),是指两个多项式的商 $\dfrac{p(x)}{Q(x)}$ 所表示的函数,这里的 $p(x)$ 和 $Q(x)$ 不可约。

(1) 若有理分式的分母可以分解为两个一次因式的乘积,将其分解为两个分母为一次多项式的有理式代数和，然后分别求不定积分。

【例 17-7】 求 $\displaystyle\int \frac{x+3}{x^2-5x+6}\mathrm{d}x$ 。

解：先分解被积函数，分成两个分母为一次多项式的有理式的代数和，则

$$\frac{x+3}{(x-2)(x-3)}=\frac{A}{x-2}+\frac{B}{x-3}$$

可确定 $A=-5,B=6$，即

$$\int \frac{x+3}{x^2-5x+6}\mathrm{d}x=\int\left(\frac{-5}{x-2}+\frac{6}{x-3}\right)\mathrm{d}x$$

$$=\int \frac{-5}{x-2}\mathrm{d}x+\int \frac{6}{x-3}\mathrm{d}x$$

$$=-5\ln|x-2|+6\ln|x-3|+C$$

（2）若有理分式的分母不能分解为两个一次因式的乘积，则可采用配方法及凑微分法求解。

【例 17-8】 求 $\displaystyle\int \frac{x^4}{1+x^2}\mathrm{d}x$ 。

解：观察发现，分母无法分解，分子进行凑项可以构造与分母相同的因式。

$$\int \frac{x^4}{1+x^2}\mathrm{d}x=\int \frac{x^4-1+1}{1+x^2}\mathrm{d}x=\int(x^2-1)\mathrm{d}x+\int \frac{1}{1+x^2}\mathrm{d}x$$

$$=\frac{1}{3}x^3-x+\arctan x+C$$

2. 简单三角函数有理式积分

由于 $\tan x,\cot x,\sec x,\csc x$ 等三角函数都可以化为 $\sin x,\cos x$，所以三角函数的有理式指的是 $\sin x,\cos x$ 经过有限次的四则运算构成的函数，形式为 $\displaystyle\int \frac{P(\sin x,\cos x)}{Q(\sin x,\cos x)}\mathrm{d}x$ 。

计算相应的不定积分时，一般先化简，再用换元法。

【例 17-9】 求 $\displaystyle\int \frac{\mathrm{d}x}{2\sec x+\sin x\tan x}$ 。

解： 原式 $\displaystyle=\int \frac{\cos x}{2+\sin^2 x}\mathrm{d}x=\int \frac{\mathrm{d}\sin x}{2+\sin^2 x}=\frac{1}{\sqrt{2}}\int \frac{1}{1+\left(\frac{\sin x}{\sqrt{2}}\right)^2}\mathrm{d}\left(\frac{\sin x}{\sqrt{2}}\right)$

$$=\frac{1}{\sqrt{2}}\arctan \frac{\sin x}{\sqrt{2}}+C$$

3. 形如 $\int \sin^m x \cos^n x \,\mathrm{d}x$ （m，n 为正整数）的积分

（1）当 m,n 至少有一个为奇数时，将奇数幂拆分成一次方凑微分，从而化成三角函数的多项式积分。

（2）当 m，n 均为偶数时，常用三角公式进行"降次倍角"处理，然后积分。

【例 17-10】　求 $\int \sin^3 x \cos^2 x \, \mathrm{d}x$。

解：
$$\int \sin^3 x \cos^2 x \, \mathrm{d}x = -\int \sin^2 x \cos^2 x \, \mathrm{d}\cos x = -\int (1 - \cos^2 x)\cos^2 x \, \mathrm{d}\cos x$$

$$= \int (\cos^4 x - \cos^2 x)\mathrm{d}\cos x = \frac{1}{5}\cos^5 x - \frac{1}{3}\cos^3 x + C$$

练 习 题

A 组

1. 计算下列不定积分。

（1）$\displaystyle\int \mathrm{e}^{3x} \, \mathrm{d}x$ 　　　　　　　　（2）$\displaystyle\int \frac{\mathrm{e}^x}{\sqrt{1 - \mathrm{e}^{2x}}} \, \mathrm{d}x$

（3）$\displaystyle\int \cos^2 x \sin x \, \mathrm{d}x$ 　　　　　　（4）$\displaystyle\int \frac{1}{x \ln x} \, \mathrm{d}x$

（5）$\displaystyle\int x^2 \mathrm{e}^{x^3} \, \mathrm{d}x$ 　　　　　　　（6）$\displaystyle\int (2x + 1)^{30} \, \mathrm{d}x$

2. 计算下列不定积分。

（1）$\displaystyle\int \frac{\mathrm{d}x}{1 + \sqrt{3 - x}}$ 　　　　　（2）$\displaystyle\int \frac{\sqrt[3]{x}}{x(\sqrt{x} + \sqrt[3]{x})} \, \mathrm{d}x$

（3）$\displaystyle\int \frac{x^2}{\sqrt{9 - x^2}} \, \mathrm{d}x$ 　　　　　（4）$\displaystyle\int \frac{\mathrm{d}x}{\sqrt{2x - 1} + 1}$

（5）$\displaystyle\int \frac{\mathrm{d}x}{(1 + \sqrt[3]{x})\sqrt{x}}$

3. 计算下列不定积分。

（1）$\displaystyle\int (x + 1)\sin x \, \mathrm{d}x$ 　　　　　（2）$\displaystyle\int \ln(x^2 + 1) \, \mathrm{d}x$

（3）$\displaystyle\int x^9 \mathrm{e}^{x^5} \, \mathrm{d}x$ 　　　　　　　（4）$\displaystyle\int x^2 \sin 2x \, \mathrm{d}x$

（5）$\displaystyle\int \frac{\ln x}{x^2} \, \mathrm{d}x$

4. 计算下列有理函数的不定积分。

（1）$\displaystyle\int \frac{1}{x(2x - 1)} \, \mathrm{d}x$ 　　　　　（2）$\displaystyle\int \frac{\sin 2x}{1 + \sin^2 x} \, \mathrm{d}x$

（3）$\displaystyle\int \sin^2 x \cos^5 x \, \mathrm{d}x$

B 组

1. 计算下列不定积分。

(1) $\displaystyle\int \frac{\sin e^{\sqrt{x}}}{2\sqrt{x}\, e^{-\sqrt{x}}}\mathrm{d}x$

(2) $\displaystyle\int \frac{2+\cos x}{2x+\sin x}\mathrm{d}x$

2. 计算下列不定积分。

(1) $\displaystyle\int x^2 e^x \mathrm{d}x$

(2) $\displaystyle\int e^x \sin x \, \mathrm{d}x$

不定积分巩固练习

一、选择题

1. 连续函数 $f(x)$ 的不定积分是 $f(x)$ 的(　　)原函数。

    A. 任意一个　　　　　B. 全体　　　　　C. 某一个　　　　　D. 唯一

2. 设 $f(x)$ 是可导函数,则 $\left[\int f(x)\mathrm{d}x\right]' = ($　　$)$。

    A. $f(x)$　　　　　B. $f(x)+C$　　　　　C. $f'(x)$　　　　　D. $f'(x)+C$

3. 已知函数 $f(x)$ 为可导函数,且 $F(x)$ 为 $f(x)$ 的一个原函数,则下列关系式中不成立的是(　　)。

    A. $\mathrm{d}\left[\int f(x)\mathrm{d}x\right] = f(x)\mathrm{d}x$　　　　　　　　B. $\left[\int f(x)\mathrm{d}x\right]' = f(x)$

    C. $\int F'(x)\mathrm{d}x = F(x)+C$　　　　　　　　D. $\int f'(x)\mathrm{d}x = F(x)+C$

4. 若 $\int f(x)\mathrm{e}^{-\frac{1}{x}}\mathrm{d}x = -\mathrm{e}^{-\frac{1}{x}}+C$,则 $f(x) = ($　　$)$。

    A. $-\dfrac{1}{x}$　　　　　B. $-\dfrac{1}{x^2}$　　　　　C. $\dfrac{1}{x}$　　　　　D. $\dfrac{1}{x^2}$

5. 已知 $\int f(x)\mathrm{d}x = F(x)+C$,若 $x = at+b$,则 $\int f(t)\mathrm{d}t = ($　　$)$。

    A. $F(x)+C$　　　　　　　　　　B. $\dfrac{1}{a}F(at+b)+C$

    C. $F(t)+C$　　　　　　　　　　D. $F(at+b)+C$

6. 设 $F(x)$ 为 $f(x)$ 的一个原函数,则 $\int \mathrm{e}^x f(\mathrm{e}^x)\mathrm{d}x = ($　　$)$。

    A. $F(\mathrm{e}^{-x})+C$　　　　　　　　　B. $-F(\mathrm{e}^{-x})+C$

    C. $F(\mathrm{e}^x)+C$　　　　　　　　　D. $-F(\mathrm{e}^x)+C$

7. 不定积分 $\int x f''(x)\mathrm{d}x = ($　　$)$。

    A. $x f'(x)+C$　　　　　　　　　B. $f'(x)-f(x)+C$

    C. $x f'(x)-f(x)+C$　　　　　　　D. $x f'(x)+f(x)+C$

8. 已知函数 $f(x)$ 的一阶导数 $f'(x)$ 连续,则不定积分 $\int f'(-x)\mathrm{d}x$ 可表示为(　　)。

    A. $-f(-x)$　　　　　　　　　　B. $-f(-x)+C$

    C. $f(-x)$　　　　　　　　　　D. $f(-x)+C$

9. 若可导函数 $f(x)$ 满足 $\int f(x)\mathrm{d}x = x\sqrt{1-x^2}+C$,则 $f(0) = ($　　$)$。

    A. 0　　　　　B. 1　　　　　C. 2　　　　　D. 3

10. $\int x\cos x\,\mathrm{d}x = ($)。

    A. $x\sin x - \cos x + C$ B. $\sin x + x\cos x + C$

    C. $x\sin x + \cos x + C$ D. $\sin x - x\cos x + C$

二、填空题

1. 设 $f(x)=\mathrm{e}^x$，则 $\int \dfrac{f(\ln x)}{x}\mathrm{d}x = $ _____。

2. 设函数 $f(x)$ 连续，则 $\mathrm{d}\int x f(x^2)\mathrm{d}x = $ _____。

3. 若 $\int f(x)\mathrm{d}x = \mathrm{e}^{2x} + C$，则 $f^{(n)}(x) = $ _____。

4. 若 $f'(x^2) = \dfrac{1}{x}\ (x>0)$，且 $f(1)=2$，则 $f(x) = $ _____。

5. $\int \sin(4-3x)\mathrm{d}x = $ _____。

6. $\int \dfrac{\mathrm{d}x}{x(x+2)} = $ _____。

7. 若 $\int f(x)\mathrm{d}x = x + C$，则 $\int x f(x^2)\mathrm{d}x = $ _____。

8. 若 $\int \dfrac{f'(\ln x)}{x}\mathrm{d}x = \sin x + C$，则 $f(x) = $ _____。

三、计算题

1. 求不定积分 $\int \dfrac{\mathrm{d}x}{x^2\sqrt{x}}$。

2. 求不定积分 $\int \dfrac{\mathrm{d}x}{\sqrt[3]{3-2x}}$。

3. 求不定积分 $\int \left(x\sin\dfrac{x}{2} + \sqrt{x}\right)\mathrm{d}x$。

4. 求不定积分 $\int 6x^2(x+1)^{19}\mathrm{d}x$。

5. 求不定积分 $\int \dfrac{1+x^2}{1+x}\mathrm{d}x$。

模块 18　定积分的定义与性质

任务 50　定积分的定义与几何意义

1. 定积分的定义

　　设函数 $y = f(x)$ 在区间 $[a, b]$ 上有界, 在区间 $[a, b]$ 上任意取分点 $a = x_0 < x_1 < x_2 < \cdots < x_{n-1} < x_n = b$, 如图 18-1 所示。

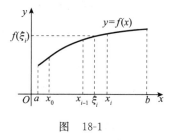

图　18-1

　　分割:将区间 $[a, b]$ 分成小区间 $[x_{i-1}, x_i] (i = 1, 2, \cdots, n)$, 其长度为 $\Delta x_i = x_i - x_{i-1}$。

　　每个小曲边梯形面积:在每个小区间 $[x_{i-1}, x_i]$ 上任意取一点 ξ_i。

　　每个小曲边梯形面积无限接近:$s_i = \Delta x_i f(\xi_i)$。

　　求近似和(所有小曲边梯形面积的和):$S = \sum\limits_{i=1}^{n} s_i$。

　　求极限(曲边梯形的面积):记 $\lambda = \max\limits_{1 \leqslant i \leqslant n} \{\Delta x_i\}$, 如果不论对区间 $[a, b]$ 采取何种分法及 ξ_i 如何选取, 曲边梯形的面积为 $S = \lim\limits_{\lambda \to 0} \sum\limits_{i=1}^{n} \Delta x_i f(\xi_i)$, 称此极限为函数 $f(x)$ 在区间 $[a, b]$ 上的定积分, 记作 $\int_a^b f(x) \mathrm{d}x$, 即

$$\int_a^b f(x) \mathrm{d}x = \lim_{\lambda \to 0} \sum_{i=1}^{n} \Delta x_i f(\xi_i)$$

其中, a 叫作积分下限;b 叫作积分上限;区间 $[a, b]$ 称为积分区间。

理解提示

　　定积分是一个和式的极限, 是一个常数, 只与被积函数和积分区间有关, 而与积分变量所用的字母没有关系, 即 $\int_a^b f(x) \mathrm{d}x = \int_a^b f(t) \mathrm{d}t$。

【例 18-1】 利用定义求定积分 $\displaystyle\int_0^2 3x\,\mathrm{d}x$。

解：用分点 $x_i(i=0,1,2,\cdots,n)$ 将区间 $[0,2]$ 上分成 n 个相等小区间，则第 i 个小区间的长度记为 $\Delta x_i=\dfrac{2}{n}$，取分点 $\xi_i=x_i=\dfrac{2i}{n}(i=1,2,\cdots,n)$，则

$$\int_0^2 3x\,\mathrm{d}x=\lim_{n\to\infty}\sum_{i=1}^n 3\xi_i\Delta x_i=3\lim_{n\to\infty}\sum_{i=1}^n\frac{2i}{n}\cdot\frac{2}{n}=3\lim_{n\to\infty}\frac{4\times(1+2+3+\cdots+n)}{n^2}=12\lim_{n\to\infty}\frac{n+1}{2n}=6$$

2.定积分的几何意义

根据定积分的定义可知：

(1) 如果 $f(x)\geqslant 0$，则由 $y=f(x)$，x 轴及直线 $x=a$，$x=b(a<b)$ 所围成的图形位于 x 轴上方，有 $\displaystyle\int_a^b f(x)\mathrm{d}x=A$（见图 18-2），$A$ 表示该图形面积；

(2) 如果 $f(x)\leqslant 0$，则由 $y=f(x)$，x 轴及直线 $x=a$，$x=b(a<b)$ 所围成的图形位于 x 轴下方，有 $\displaystyle\int_a^b f(x)\mathrm{d}x=-A$（见图 18-3），$A$ 表示该图形面积；

(3) 若 $f(x)$ 在 $[a,b]$ 上有正有负时，定积分就等于曲线 $y=f(x)$ 在 x 轴上方部分面积和减去曲线 $y=f(x)$ 在 x 轴下方部分面积和（见图 18-4），即 $\displaystyle\int_a^b f(x)\mathrm{d}x=A_1+A_3-A_2$，$A_1,A_2,A_3$ 分别表示相应阴影部分图形的面积。

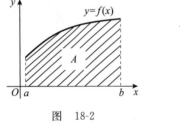

图　18-2

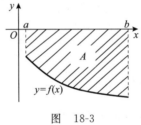

图　18-3

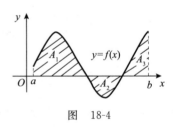

图　18-4

【例 18-2】 根据定积分的几何意义求 $\displaystyle\int_{-2}^3 x\,\mathrm{d}x$。

解：$\displaystyle\int_{-2}^3 x\,\mathrm{d}x$ 表示由 $x=-2$，$x=3$，$y=x$ 及 x 轴所围成的平面图形上方部分面积减去下方部分面积（见图 18-5），即

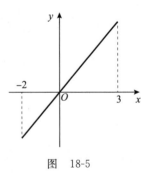

$$\int_{-2}^3 x\,\mathrm{d}x=\frac{1}{2}\times 3\times 3-\frac{1}{2}\times 2\times 2=\frac{5}{2}$$

图　18-5

任务 51　定积分的性质

在学习定积分性质之前，对定积分做以下两点补充规定：

(1) 当 $a=b$ 时，$\displaystyle\int_a^b f(x)\mathrm{d}x=0$；

(2) 当 $a \neq b$ 时，$\int_a^b f(x)\mathrm{d}x = -\int_b^a f(x)\mathrm{d}x$。

1.定积分的运算性质

性质 1:两个函数和差的定积分等于各定积分的和差,即

$$\int_a^b \left[f(x) \pm g(x) \right]\mathrm{d}x = \int_a^b f(x)\mathrm{d}x \pm \int_a^b g(x)\mathrm{d}x$$

性质 2:被积函数的常数因子可以提到积分号外,即

$$\int_a^b k f(x)\mathrm{d}x = k\int_a^b f(x)\mathrm{d}x$$

性质 3(可加性):对任意大小的 a,b,c,有

$$\int_a^b f(x)\mathrm{d}x = \int_a^c f(x)\mathrm{d}x + \int_c^b f(x)\mathrm{d}x$$

【例 18-3】　已知 $f(x)$ 在区间 $[0,8]$ 上可积,$\int_8^0 f(x)\mathrm{d}x = -8$,$\int_3^8 f(x)\mathrm{d}x = 6$,求 $\int_3^0 f(x)\mathrm{d}x$。

解:由 $\int_0^8 f(x)\mathrm{d}x = \int_0^3 f(x)\mathrm{d}x + \int_3^8 f(x)\mathrm{d}x$,可得

$$\int_3^0 f(x)\mathrm{d}x = -\int_0^3 f(x)\mathrm{d}x = -\left[\int_0^8 f(x)\mathrm{d}x - \int_3^8 f(x)\mathrm{d}x \right]$$

$$= -\int_0^8 f(x)\mathrm{d}x + \int_3^8 f(x)\mathrm{d}x$$

$$= \int_8^0 f(x)\mathrm{d}x + \int_3^8 f(x)\mathrm{d}x = -2$$

2.定积分的比较性质

性质 4:在区间 $[a,b]$ 上 $f(x) \leqslant g(x)$,则

$$\int_a^b f(x)\mathrm{d}x \leqslant \int_a^b g(x)\mathrm{d}x \quad (a < b)$$

性质 5:

$$\left| \int_a^b f(x)\mathrm{d}x \right| \leqslant \int_a^b |f(x)|\,\mathrm{d}x \quad (a < b)$$

【例 18-4】　比较下列定积分的大小。

(1) $\int_0^1 x^2 \mathrm{d}x$ _____ $\int_0^1 x^3 \mathrm{d}x$　　　　(2) $\int_1^5 x^2 \mathrm{d}x$ _____ $\int_1^5 x^3 \mathrm{d}x$

(3) $\int_0^{\frac{\pi}{4}} \sin x \, \mathrm{d}x$ _____ $\int_0^{\frac{\pi}{4}} \cos x \, \mathrm{d}x$

解:

(1) 当 $0 < x < 1$ 时,$x^2 > x^3$,所以

$$\int_0^1 x^2 \mathrm{d}x > \int_0^1 x^3 \mathrm{d}x$$

(2) 当 $1 < x < 5$ 时,$x^2 < x^3$,所以

$$\int_1^5 x^2 \mathrm{d}x < \int_1^5 x^3 \mathrm{d}x$$

(3) 当 $0 < x < \dfrac{\pi}{4}$ 时, $\sin x < \cos x$, 所以

$$\int_0^{\frac{\pi}{4}} \sin x \, \mathrm{d}x < \int_0^{\frac{\pi}{4}} \cos x \, \mathrm{d}x$$

3. 定积分的估值、中值定理

(1) 估值定理: 设 M 和 m 分别是 $f(x)$ 在区间 $[a,b]$ 上的最大值与最小值, 则

$$m(b-a) \leqslant \int_a^b f(x)\mathrm{d}x \leqslant M(b-a)$$

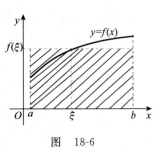

(2) 积分中值定理: 如果函数 $f(x)$ 在区间 $[a,b]$ 上连续, 则至少存在一点 $\xi \in [a,b]$, 使下式成立:

$$\int_a^b f(x)\mathrm{d}x = f(\xi)(b-a)$$

几何意义: 曲线 $y = f(x)$ 在 $[a,b]$ 上所围成的曲边梯形面积等于同一底边、高为 $f(\xi)$ 的一个矩形的面积(见图 18-6)。

图　18-6

理解提示

根据积分中值定理可得 $f(\xi) = \dfrac{1}{b-a} \int_a^b f(x)\mathrm{d}x$, 称为函数 $f(x)$ 在区间 $[a,b]$ 上的平均值。

【例 18-5】 (1) 求函数 $f(x) = x$ 在区间 $[-1,2]$ 上的平均值。

(2) 若连续函数 $f(x)$ 在区间 $[1,2]$ 上的平均值为 $\dfrac{3}{2}$, 求 $\int_1^2 f(x)\mathrm{d}x$。

解:

(1) 设 $f(x) = x$ 在区间 $[-1,2]$ 上的平均值为 ξ, 由题意可得

$$\int_{-1}^2 x \, \mathrm{d}x = \xi[2-(-1)]$$

可得

$$\xi = \frac{\int_{-1}^2 x \, \mathrm{d}x}{3} = \frac{1}{2}$$

(2) 由题意可得

$$\int_1^2 f(x)\mathrm{d}x = \frac{3}{2} \times (2-1) = \frac{3}{2}$$

4. 定积分的奇偶性

设函数 $f(x)$ 为区间 $[-a,a]$ 上的连续函数, 则

(1) 当函数 $f(x)$ 为奇函数时, $\int_{-a}^a f(x)\mathrm{d}x = 0$;

（2）当函数 $f(x)$ 为偶函数时，$\displaystyle\int_{-a}^{a} f(x)\mathrm{d}x = 2\int_{0}^{a} f(x)\mathrm{d}x$。

【例 18-6】　求定积分 $\displaystyle\int_{-2}^{2} x^3|x|\mathrm{d}x$。

解：因为 $f(x) = x^3|x|$ 为奇函数，$\displaystyle\int_{-2}^{2} x^3|x|\mathrm{d}x = 0$。

规律方法

　　定积分的奇偶性：对称区间，偶倍奇零。

5. 定积分与圆

由定积分的几何意义可知，当 $a>0$ 时（见图 18-7），则

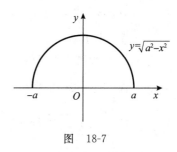

图　18-7

（1）$\displaystyle\int_{-a}^{a} \sqrt{a^2-x^2}\,\mathrm{d}x = \frac{\pi a^2}{2}$

（2）$\displaystyle\int_{0}^{a} \sqrt{a^2-x^2}\,\mathrm{d}x = \frac{\pi a^2}{4}$

【例 18-7】　求定积分 $\displaystyle\int_{0}^{3} \sqrt{9-x^2}\,\mathrm{d}x$。

解：因为 $f(x) = \sqrt{9-x^2}$ 在区间 $[0,3]$ 内围成的图形是以原点为圆心、以 3 为半径的圆在第一象限的部分，因此

$$\int_{0}^{3} \sqrt{9-x^2}\,\mathrm{d}x = \frac{1}{4}\times\pi\times 3^2 = \frac{9\pi}{4}$$

规律方法

　　定积分 $\displaystyle\int_{-a}^{a} \sqrt{a^2-x^2}\,\mathrm{d}x$ 表示的是以原点为圆心，以 a 为半径，位于 x 轴上方的半圆面积。

练　习　题

A 组

1. 如图 18-8 所示，曲线 $y=f(x)$ 与直线 $x=1$，$x=8$ 及 x 轴围成的三个阴影部分 A_1，A_2，A_3 的面积分别为 $3,2,4$，则定积分 $\displaystyle\int_{1}^{8} f(x)\mathrm{d}x = $ _____。

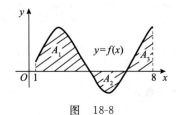

图 18-8

2.若 $f(x)$ 的一个原函数为 $F(x)$,下列等式中成立的是(　　)。

A. $\left[\int_a^b f(x)\mathrm{d}x\right]' = f(x)$　　　　　　B. $\left[\int_a^b f(x)\mathrm{d}x\right]' = 0$

C. $\int_a^b f(x)\mathrm{d}x = f(b) - f(a)$　　　　　D. $\int f'(x)\mathrm{d}x = f(x)$

3.设函数 $f(x)$ 在区间 $[a,b]$ 上连续,则 $\int_a^b f(x)\mathrm{d}x - \int_a^b f(t)\mathrm{d}t$ 的值(　　)。

A. 小于零　　　　　B. 等于零　　　　　C. 大于零　　　　　D. 不确定

4.下列选项中正确的是(　　)。

A. $\int_0^1 x^2\mathrm{d}x \geqslant \int_0^1 x^3\mathrm{d}x$　　　　　　B. $\int_2^3 x^2\mathrm{d}x \geqslant \int_2^3 x^3\mathrm{d}x$

C. $\int_0^1 \sqrt{1+x^2}\,\mathrm{d}x \leqslant \int_0^1 \sqrt{1+x^4}\,\mathrm{d}x$　　　D. $\int_0^1 \sqrt{x}\,\mathrm{d}x \leqslant \int_0^1 x\sqrt{x}\,\mathrm{d}x$

5.求定积分 $\int_{-1}^1 (\arcsin x + 1)\mathrm{d}x$。

6.求定积分 $\int_0^1 \sqrt{2-x^2}\,\mathrm{d}x$。

B 组

1.设区域 D 是由直线 $x=a$ 及直线 $x=b(b>a)$,曲线 $y=f(x)$ 及曲线 $y=g(x)$ 所围成的,则区域 D 的面积为(　　)。

A. $\int_a^b [f(x) - g(x)]\mathrm{d}x$　　　　　　B. $\left|\int_a^b [f(x) - g(x)]\mathrm{d}x\right|$

C. $\int_a^b [g(x) - f(x)]\mathrm{d}x$　　　　　　D. $\int_a^b \left|f(x) - g(x)\right|\mathrm{d}x$

2.若函数 $f(x)$ 在区间 $[-1,1]$ 上连续,且函数在区间上的平均值为 2,则 $\int_1^{-1} f(x)\mathrm{d}x =$ (　　)。

A. -1　　　　　B. 1　　　　　C. -4　　　　　D. 4

3.已知函数 $f(x)$ 在区间 $[a,b]$ 上是单调递增的连续函数,证明:$f(a)(b-a) \leqslant \int_a^b f(x)\mathrm{d}x \leqslant f(b)(b-a)$。

模块 19　定积分的计算

(1) 掌握变上限积分函数的计算。
(2) 掌握微积分基本定理。
(3) 熟练运用定积分的计算方法。
(4) 掌握两种类型广义积分的计算。

任务 52　变上限积分函数

1. 变上限积分函数的定义

当 x 在区间 $[a,b]$ 上变动时,每取一个 x,积分 $\int_a^x f(t)\mathrm{d}x$ 就有一个确定的值,因此,$\int_a^x f(t)\mathrm{d}t$ 是变上限 x 的一个函数,记作 $\Phi(x)$,即

$$\Phi(x) = \int_a^x f(t)\mathrm{d}t$$

通常称函数 $\Phi(x)$ 为变上限积分函数或变上限积分。

2. 变上限积分函数的导数

若函数 $f(x)$ 在区间 $[a,b]$ 上连续,则积分上限的函数 $\Phi(x) = \int_a^x f(t)\mathrm{d}t$ 在 $[a,b]$ 上可导,且导数为

$$\Phi'(x) = \frac{\mathrm{d}}{\mathrm{d}x}\int_a^x f(t)\mathrm{d}t = f(x)$$

推论 1:若 $f(x)$ 在区间 $[a,b]$ 上连续,则有

$$\left[\int_x^b f(t)\mathrm{d}t\right]' = -f(x)$$

推论 2:若 $f(x)$ 在区间 $[a,b]$ 上连续,$\varphi(x)$ 为可导函数,则有

$$\left[\int_a^{\varphi(x)} f(t)\mathrm{d}t\right]' = f[\varphi(x)]\varphi'(x)$$

推论 3:若 $f(x)$ 在区间 $[a,b]$ 上连续,$\varphi_1(x)$,$\varphi_2(x)$ 为可导函数,则有

$$\left[\int_{\varphi_1(x)}^{\varphi_2(x)} f(t)\mathrm{d}t\right]' = f[\varphi_2(x)]\varphi_2'(x) - f[\varphi_1(x)]\varphi_1'(x)$$

【例 19-1】 (1) 已知函数 $\Phi(x) = \int_0^x \sin t^2 \, dt$，求 $\Phi'(0)$，$\Phi'\left(\dfrac{\sqrt{\pi}}{2}\right)$ 的值。

(2) 设 $f(x)$ 连续，且 $\int_0^x f(t) \, dt = e^x - 2$，求 $f(\ln 2)$。

解：

(1) 由题意可得

$$\Phi'(x) = \sin x^2$$

所以

$$\Phi'(0) = \sin 0 = 0, \quad \Phi'\left(\frac{\sqrt{\pi}}{2}\right) = \sin\left(\frac{\sqrt{\pi}}{2}\right)^2 = \frac{\sqrt{2}}{2}$$

(2) 由题意可知 $f(x) = e^x$，所以，$f(\ln 2) = e^{\ln 2} = 2$。

【例 19-2】 设 $f(x)$ 是连续函数，则 $\dfrac{d}{dx} \int_{2x}^{-1} f(t) \, dt = ($　　$)$。

A. $f(2x)$　　　　　　　B. $2f(2x)$　　　　　　C. $-f(2x)$　　　　　D. $-2f(2x)$

解： 由变上限积分函数可知，

$$\frac{d}{dx} \int_{2x}^{-1} f(t) \, dt = -\frac{d}{dx} \int_{-1}^{2x} f(t) \, dt = -f(2x)(2x)' = -2f(2x)$$

故选 D。

> **规律方法**
>
> 由 $\Phi(x) = \int_a^x f(t) \, dt$ 可知，$\Phi(x)$ 为 $f(x)$ 的一个原函数。

任务 53　微积分基本定理

若函数 $F(x)$ 是连续函数 $f(x)$ 在区间 $[a, b]$ 上的一个原函数，则

$$\int_a^b f(x) \, dx = F(x) \Big|_a^b = F(b) - F(a)$$

称上述公式为微积分基本定理，也称为牛顿-莱布尼茨公式。

理解提示

微积分基本定理中，$F(x)$ 是 $f(x)$ 在 $[a, b]$ 上的一个原函数，且被积函数 $f(x)$ 在该区间上必须是连续函数。

【例 19-3】 计算 $\int_0^1 (6 - 3x) \, dx$。

解： 因为 $6x - \dfrac{3}{2}x^2$ 是函数 $6 - 3x$ 的一个原函数，所以

$$\int_0^1 (6 - 3x) \, dx = \left(6x - \frac{3}{2}x^2\right) \Big|_0^1 = \frac{9}{2}$$

任务 54　定积分的计算

1.定积分的换元公式

假设函数 $f(x)$ 在区间 $[a,b]$ 上连续,函数 $x=\varphi(t)$ 满足条件:①$\varphi(\alpha)=a$,$\varphi(\beta)=b$;②$\varphi(t)$ 在 $[\alpha,\beta]$ 上连续可导,则有

$$\int_a^b f(x)\mathrm{d}x=\int_\alpha^\beta f[\varphi(t)]\varphi'(t)\mathrm{d}t$$

上述公式叫作定积分的换元公式。

【例 19-4】　(1) 计算 $\int_0^1 \dfrac{1}{1+\sqrt{x}}\mathrm{d}x$。

(2) 设函数 $f(x)$ 在区间 $[-a,a]$ 上连续,则定积分 $\int_{-a}^a f(-x)\mathrm{d}x=($　　$)$。

A. 0 　　　　　　　　　　　　B. $2\int_0^a f(x)\mathrm{d}x$

C. $-\int_{-a}^a f(x)\mathrm{d}x$ 　　　　　　D. $\int_{-a}^a f(x)\mathrm{d}x$

解:

(1) 令 $t=\sqrt{x}$,则 $\mathrm{d}x=2t\,\mathrm{d}t$,即

$$\int_0^1 \frac{1}{1+\sqrt{x}}\mathrm{d}x=\int_0^1 \frac{2t}{1+t}\mathrm{d}t=2\int_0^1 \frac{t+1-1}{1+t}\mathrm{d}t$$
$$=2\int_0^1\left(1-\frac{1}{1+t}\right)\mathrm{d}t=(2t-\ln|1+t|)\Big|_0^1$$
$$=2-\ln 2$$

(2) 令 $t=-x$,则 $\mathrm{d}x=-\mathrm{d}t$,

$$\int_{-a}^a f(-x)\mathrm{d}x=-\int_a^{-a} f(t)\mathrm{d}t=\int_{-a}^a f(t)\mathrm{d}t$$

故选 D。

【例 19-5】　求 $\int_0^{\sqrt{\ln 2}} x\mathrm{e}^{x^2}\mathrm{d}x$。

解:　$\int_0^{\sqrt{\ln 2}} x\mathrm{e}^{x^2}\mathrm{d}x=\dfrac{1}{2}\int_0^{\sqrt{\ln 2}} \mathrm{e}^{x^2}\mathrm{d}(x^2)=\dfrac{1}{2}\mathrm{e}^{x^2}\Big|_0^{\sqrt{\ln 2}}=\dfrac{1}{2}$

规律方法

(1) 利用换元法计算定积分,若是第一类换元法(凑微分法),不用换限;若是第二类换元法,为了不用变量回代,换元过程中切记换限。

(2) 换元完成之后,利用微积分基本定理计算定积分即可。

(3) 证明定积分表达式相关的等式成立时,注意观察上、下限之间的关系,可考虑用换元法证明。

2. 定积分的分部积分公式

设 $u(x),v(x)$ 在区间 $[a,b]$ 上有连续导数,则有

$$\int_a^b u\,\mathrm{d}v = uv\Big|_a^b - \int_a^b v\,\mathrm{d}u$$

上述公式称为定积分的分部积分公式。

【例 19-6】 计算定积分 $\int_{-1}^{e-3}\ln(2+x)\mathrm{d}x$

解:
$$
\begin{aligned}
\int_{-1}^{e-3}\ln(2+x)\mathrm{d}x &= x\ln(2+x)\Big|_{-1}^{e-3} - \int_{-1}^{e-3} x\,\mathrm{d}[\ln(2+x)] \\
&= x\ln(2+x)\Big|_{-1}^{e-3} - \int_{-1}^{e-3}\frac{x}{x+2}\mathrm{d}x \\
&= x\ln(2+x)\Big|_{-1}^{e-3} - \int_{-1}^{e-3}\left(1-\frac{2}{x+2}\right)\mathrm{d}x \\
&= x\ln(2+x)\Big|_{-1}^{e-3} - (x-2\ln|2+x|)\Big|_{-1}^{e-3} \\
&= (e-3)\ln(e-1) - [(e-3)-2\ln(e-1)+1] \\
&= (e-1)\ln(e-1) - e + 2
\end{aligned}
$$

【例 19-7】 求 $\int_0^{\frac{\pi}{2}} x^2\cos x\,\mathrm{d}x$。

解:
$$
\begin{aligned}
\int_0^{\frac{\pi}{2}} x^2\cos x\,\mathrm{d}x &= x^2\sin x\Big|_0^{\frac{\pi}{2}} - \int_0^{\frac{\pi}{2}}\sin x\,\mathrm{d}x^2 \\
&= x^2\sin x\Big|_0^{\frac{\pi}{2}} - 2\int_0^{\frac{\pi}{2}} x\sin x\,\mathrm{d}x \\
&= x^2\sin x\Big|_0^{\frac{\pi}{2}} - 2\left(-x\cos x\Big|_0^{\frac{\pi}{2}} - \int_0^{\frac{\pi}{2}} -\cos x\,\mathrm{d}x\right) \\
&= x^2\sin x\Big|_0^{\frac{\pi}{2}} - 2\left(-x\cos x\Big|_0^{\frac{\pi}{2}} + \sin x\Big|_0^{\frac{\pi}{2}}\right) \\
&= \frac{\pi^2}{4} - 2
\end{aligned}
$$

任务 55 广义积分

1. 无穷区间上的广义积分

(1) 在无穷区间 $[a,+\infty)$ 上的定义。设函数 $f(x)$ 在区间 $[a,+\infty)$ 上连续,任取 $t>a$,对 $f(x)$ 取 $[a,t]$ 上的定积分 $\int_a^t f(x)\mathrm{d}x$,再对 $\int_a^t f(x)\mathrm{d}x$ 求 $t\to+\infty$ 时的极限,即 $\lim\limits_{t\to+\infty}\int_a^t f(x)\mathrm{d}x$,称为函数 $f(x)$ 在无穷区间 $[a,+\infty)$ 上的广义积分,记作 $\int_a^{+\infty} f(x)\mathrm{d}x$,即

$$\int_a^{+\infty} f(x)\mathrm{d}x = \lim_{t\to+\infty}\int_a^t f(x)\mathrm{d}x$$

其敛散性:若极限 $\lim\limits_{t\to+\infty}\int_a^t f(x)\mathrm{d}x$ 存在,则称广义积分 $\int_a^{+\infty} f(x)\mathrm{d}x$ 收敛;若极限 $\lim\limits_{t\to+\infty}\int_a^t f(x)\mathrm{d}x$ 不存在,则称广义积分 $\int_a^{+\infty} f(x)\mathrm{d}x$ 发散。

(2) 在无穷区间 $(-\infty,b]$ 上的定义。类似地,设函数 $f(x)$ 在区间 $(-\infty,b]$ 上连续,取 $t<b$,则 $\lim\limits_{t\to+\infty}\int_t^b f(x)\mathrm{d}x$ 称为函数 $f(x)$ 在无穷区间 $(-\infty,b]$ 上的广义积分,记作 $\int_{-\infty}^b f(x)\mathrm{d}x$,即

$$\int_{-\infty}^b f(x)\mathrm{d}x = \lim_{t\to-\infty}\int_t^b f(x)\mathrm{d}x$$

其敛散性与函数 $f(x)$ 在无穷区间 $[a,+\infty)$ 上的广义积分为敛散性一样。

(3) 在无穷区间 $(-\infty,+\infty)$ 上的定义。设函数 $f(x)$ 在区间 $(-\infty,+\infty)$ 上连续,则函数 $f(x)$ 在无穷区间 $(-\infty,+\infty)$ 上的广义积分记作 $\int_{-\infty}^{+\infty} f(x)\mathrm{d}x$,即

$$\int_{-\infty}^{+\infty} f(x)\mathrm{d}x = \int_{-\infty}^c f(x)\mathrm{d}x + \int_c^{+\infty} f(x)\mathrm{d}x$$

$$= \lim_{t\to-\infty}\int_t^c f(x)\mathrm{d}x + \lim_{t\to+\infty}\int_c^t f(x)\mathrm{d}x$$

其敛散性:若满足 $\int_{-\infty}^c f(x)\mathrm{d}x$ 与 $\int_c^{+\infty} f(x)\mathrm{d}x$ 都收敛,称广义积分 $\int_{-\infty}^{+\infty} f(x)\mathrm{d}x$ 收敛;否则,称广义积分 $\int_{-\infty}^{+\infty} f(x)\mathrm{d}x$ 发散。

以上三种情况下的广义积分统称为无穷区间上的广义积分。

【例 19-8】　讨论 $\int_1^{+\infty} \dfrac{1}{x^2}\mathrm{d}x$ 的敛散性。

解: $\quad \int_1^{+\infty}\dfrac{1}{x^2}\mathrm{d}x = \lim\limits_{t\to+\infty}\int_1^t \dfrac{1}{x^2}\mathrm{d}x = \lim\limits_{t\to+\infty}\left(-\dfrac{1}{x}\,\Big|_1^t\right) = \lim\limits_{t\to+\infty}\left(-\dfrac{1}{t}+1\right) = 1$

故该广义积分收敛。

【例 19-9】　当(　　)时, $\int_{-\infty}^0 \mathrm{e}^{-kx}\mathrm{d}x$ 收敛。

A. $k>0$ 　　　　　　 B. $k\geqslant 0$ 　　　　　　 C. $k<0$ 　　　　　　 D. $k\leqslant 0$

解: $\qquad \int_{-\infty}^0 \mathrm{e}^{-kx}\mathrm{d}x = \lim\limits_{t\to-\infty}\int_t^0 \mathrm{e}^{-kx}\mathrm{d}x$

$$= \lim_{t\to-\infty}\left(-\dfrac{1}{k}\mathrm{e}^{-kx}\,\Big|_t^0\right) = \lim_{t\to-\infty}\left(-\dfrac{1}{k}+\dfrac{1}{k}\mathrm{e}^{-kt}\right)$$

当 $k<0$ 时, $\lim\limits_{t\to-\infty}\left(-\dfrac{1}{k}+\dfrac{1}{k}\mathrm{e}^{-kt}\right) = -\dfrac{1}{k}$ 。

当 $k=0$ 时, $\int_{-\infty}^0 \mathrm{e}^{-kx}\mathrm{d}x = \lim\limits_{t\to-\infty}\int_t^0 1\mathrm{d}x = \lim\limits_{t\to-\infty}\left(x\,\Big|_t^0\right) = \lim\limits_{t\to-\infty}(-t) = +\infty$ 。

综上所述, $k<0$,故选 C。

规律方法

(1) 先观察所求广义积分属于哪一种类型,然后利用微积分基本定理和广义积分的定义转化成极限计算。

(2) 为便于书写,运算过程中可省去极限符号,形式性地把 ∞ 当作一个数,直接利用微积分基本定理计算格式,如

$$\int_a^{+\infty} f(x)\mathrm{d}x = F(x)\Big|_a^{+\infty} = F(+\infty) - F(a)$$

其中,$F(+\infty) = \lim\limits_{t\to+\infty} F(x)$。

2. 无界函数的广义积分

瑕点:若函数 $f(x)$ 在点 a 的任意领域内都无界,则点 a 称为函数 $f(x)$ 的瑕点。如图 19-1 所示,$x=0$ 为函数 $y=\dfrac{1}{x}$ 的瑕点。

(1) 区间左端点为瑕点的广义积分定义与敛散性。

设函数 $f(x)$ 在区间 $(a,b]$ 上连续,其中 a 为瑕点,取 $t>a$,则称 $\lim\limits_{t\to a^+}\int_t^b f(x)\mathrm{d}x$ 为函数 $f(x)$ 在区间 $(a,b]$ 上的广义积分,记作 $\int_a^b f(x)\mathrm{d}x$,即

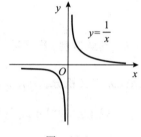

图 19-1

$$\int_a^b f(x)\mathrm{d}x = \lim_{t\to a^+}\int_t^b f(x)\mathrm{d}x$$

若上述极限存在,称广义积分收敛;否则,称广义积分发散。

(2) 区间右端点为瑕点的广义积分定义与敛散性。

设函数 $f(x)$ 在区间 $[a,b)$ 上连续,其中 b 为瑕点,则 $f(x)$ 在区间 $[a,b)$ 上的广义积分定义为

$$\int_a^b f(x)\mathrm{d}x = \lim_{t\to b^-}\int_a^t f(x)\mathrm{d}x$$

若上述极限存在,称广义积分收敛;否则,称广义积分发散。

(3) 区间端点外点 c 为瑕点的广义积分定义与敛散性。

设函数 $f(x)$ 在区间 $[a,b]$ 上除点 c 外都连续,且 c 为瑕点,则 $f(x)$ 在区间 $[a,b]$ 上的广义积分定义为

$$\int_a^b f(x)\mathrm{d}x = \int_a^c f(x)\mathrm{d}x + \int_c^b f(x)\mathrm{d}x$$
$$= \lim_{t\to c^-}\int_a^t f(x)\mathrm{d}x + \lim_{t\to c^+}\int_t^b f(x)\mathrm{d}x$$

需要满足 $\int_a^c f(x)\mathrm{d}x$ 与 $\int_c^b f(x)\mathrm{d}x$ 都收敛,称广义积分 $\int_a^b f(x)\mathrm{d}x$ 收敛;否则,称广义积分发散。

上述三种情况下的广义积分,统称为无界函数的广义积分。

【例 19-10】 讨论广义积分 $\int_0^1 \dfrac{1}{2\sqrt{x}}\mathrm{d}x$ 的敛散性。

解：由题意可知，$x \neq 0$，所以

$$\int_0^1 \frac{1}{2\sqrt{x}}\mathrm{d}x = \lim_{t \to 0^+}\int_t^1 \frac{1}{2\sqrt{x}}\mathrm{d}x = \frac{1}{2}\lim_{t \to 0^+}\left(2\sqrt{x}\,\Big|_t^1\right) = \frac{1}{2}\lim_{t \to 0^+}\left(2 - 2\sqrt{t}\,\right) = 1$$

因此 $\int_0^1 \dfrac{1}{2\sqrt{x}}\mathrm{d}x$ 收敛。

规律方法

(1) 无界函数的广义积分与常规的定积分外观很相似，计算之前需要观察是否存在瑕点（实质是找积分区间中被积函数无定义的点），否则容易出错。

(2) 计算过程的书写，也可以视 a^+，b^- 为一个数，直接利用微积分基本定理来书写，如

$$\int_a^b f(x)\mathrm{d}x = F(x)\,\Big|_{a^+}^b = F(b) - F(a^+)$$

其中，$F(a^+) = \lim_{x \to a^+} F(x)$。

3. 特殊函数的定积分

【例 19-11】 定积分 $\int_0^2 |1-x|\,\mathrm{d}x = $ _____。

解：
$$\int_0^2 |1-x|\,\mathrm{d}x = \int_0^1 (1-x)\mathrm{d}x + \int_1^2 (x-1)\mathrm{d}x$$
$$= \left(x - \frac{1}{2}x^2\right)\Big|_0^1 + \left(\frac{1}{2}x^2 - x\right)\Big|_1^2$$
$$= \frac{1}{2} + \frac{1}{2} = 1$$

【例 19-12】 设 $f(x) = \begin{cases} 2 & (x>1) \\ 2\sin x & (0<x\leqslant 1) \end{cases}$，求定积分 $\int_0^2 f(x)\mathrm{d}x$。

解：$\int_0^2 f(x)\mathrm{d}x = \int_0^1 2\sin x\,\mathrm{d}x + \int_1^2 2\mathrm{d}x = (-2\cos x)\Big|_0^1 + 2x\Big|_1^2 = -2\cos 1 + 4$

【例 19-13】 求定积分 $\int_{-1}^2 t(t-x)\mathrm{d}t$。

解：
$$\int_{-1}^2 t(t-x)\mathrm{d}t = \int_{-1}^2 (t^2 - xt)\mathrm{d}t = \left(\frac{1}{3}t^3 - \frac{1}{2}xt^2\right)\Big|_{-1}^2$$
$$= \frac{8}{3} - 2x - \left(-\frac{1}{3} - \frac{1}{2}x\right) = 3 - \frac{3}{2}x$$

规律方法

(1) 被积函数为绝对值函数时，结合积分区间去掉绝对值符号。

(2) 被积函数为分段函数时，把定积分拆成多个定积分相加即可。

(3) 被积函数中带有参数时，注意识别积分变量，同时参数可以直接放到积分号之前。

练 习 题

A 组

1. $\int_0^{\frac{\pi}{3}} x\cos 3x\,\mathrm{d}x = ($ $)$。

   A. $\dfrac{2}{9}$ B. $-\dfrac{2}{9}$ C. $\dfrac{1}{9}$ D. $-\dfrac{1}{9}$

2. 计算下列定积分。

   (1) $\displaystyle\int_e^{e^2} \frac{1+\ln x}{x}\,\mathrm{d}x$ (2) $\displaystyle\int_0^1 x\sqrt{1-x}\,\mathrm{d}x$

   (3) $\displaystyle\int_{\frac{\sqrt{2}}{2}}^1 \frac{\sqrt{1-x^2}}{x^2}\,\mathrm{d}x$ (4) $\displaystyle\int_{\frac{\sqrt{3}}{3}}^1 \frac{\mathrm{d}x}{x^2\sqrt{1+x^2}}$

3. 设 x^6 为 $f(x)$ 的原函数，求 $\displaystyle\int_0^1 xf'(x)\,\mathrm{d}x$ 的值。

4. 计算下列定积分。

   (1) $\displaystyle\int_0^{+\infty} x^5\mathrm{e}^{-x^3}\,\mathrm{d}x$

   (2) $\displaystyle\int_{-\infty}^{+\infty} \frac{\mathrm{d}x}{1+x^2}$

   (3) $\displaystyle\int_0^1 \frac{x}{\sqrt{1-x^2}}\,\mathrm{d}x$

5. 计算下列极限。

   (1) $\displaystyle\lim_{x\to 0} \frac{\displaystyle\int_0^x \ln(1+t)\,\mathrm{d}t}{x^2}$

   (2) $\displaystyle\lim_{x\to 0} \frac{\displaystyle\int_0^x 2t\cos t\,\mathrm{d}t}{1-\cos x}$

   (3) $\displaystyle\lim_{x\to 0} \frac{\displaystyle\int_0^{x^2} \sin t\,\mathrm{d}t}{x^2\sin^2 x}$

6. 求定积分 $\displaystyle\int_0^{2\pi} |\cos x|\,\mathrm{d}x$。

7. 设 $f(x)=\begin{cases}3x-m & (-2\leqslant x\leqslant 0)\\ 3x^2 & (0<x\leqslant 5)\end{cases}$，求定积分 $\displaystyle\int_{-1}^2 f(x)\,\mathrm{d}x$。

B 组

1. 若 $f(x)$ 在区间 $[0,1]$ 上连续，证明：$\displaystyle\int_0^{\frac{\pi}{2}} f(\sin x)\,\mathrm{d}x = \int_0^{\frac{\pi}{2}} f(\cos x)\,\mathrm{d}x$。

2. 证明：$\displaystyle\int_0^a x^3 f(x^2)\mathrm{d}x = \frac{1}{2}\int_0^{a^2} x f(x)\mathrm{d}x\,(a>0)$。

3. 设 $f(x)$ 有一个原函数为 $\dfrac{\sin x}{x}$，求 $\displaystyle\int_{\frac{\pi}{2}}^{\pi} x f'(x)\mathrm{d}x$。

4. 讨论 $\displaystyle\int_a^{+\infty} \frac{1}{x^p}\mathrm{d}x\,(a>1)$ 的敛散性。

5. 讨论 $\displaystyle\int_0^2 \frac{\mathrm{d}x}{(x-1)^2}$ 的敛散性。

6. 讨论 $\displaystyle\int_0^6 (x-4)^{-\frac{2}{3}}\mathrm{d}x$ 的敛散性。

7. 已知 $f(x) = \dfrac{\mathrm{d}}{\mathrm{d}x}\left(\displaystyle\int_{\sqrt{x}}^1 \sqrt{1+t^2}\,\mathrm{d}t\right)$，求 $f(4)$ 的值。

8. 设 $f(x)$ 连续，且 $\displaystyle\int_0^{2x} f(t)\mathrm{d}t = 1+x^3$，求 $f(8)$ 的值。

定积分巩固练习

一、选择题

1. 设函数 $f(x)$ 在区间 $[a,b]$ 上连续,则由曲线 $y=f(x)$ 与 $x=a$,$x=b$,$y=0$ 所围成的平面图形的面积为(   )。

    A. $\int_a^b f(x)\mathrm{d}x$ B. $\left|\int_a^b f(x)\mathrm{d}x\right|$

    C. $\int_a^b \left|f(x)\right|\mathrm{d}x$ D. $f(\xi)(b-a)$ $(a<\xi<b)$

2. $\int_1^2 \mathrm{e}^{2x}\mathrm{d}x < ($ $)$。

    A. $\int_1^2 \mathrm{e}^x\mathrm{d}x$ B. $\int_1^2 \sqrt{\mathrm{e}^x}\mathrm{d}x$ C. $\int_1^2 \mathrm{e}^{\frac{5}{2}x}\mathrm{d}x$ D. $\int_1^2 \mathrm{e}^{-x}\mathrm{d}x$

3. 设 $f(x)=\int_0^x \sin t\,\mathrm{d}t$,则 $f'(x)=($ $)$。

    A. $-\cos x$ B. $\cos x$ C. $-\sin x$ D. $\sin x$

4. $\int_{-2}^2 \dfrac{\mathrm{e}^x - \mathrm{e}^{-x}}{2}\mathrm{d}x = ($ $)$。

    A. 0 B. e^2 C. $2\mathrm{e}^2$ D. $2\mathrm{e}$

5. $\int_0^{\frac{3\pi}{2}} |\sin x|\,\mathrm{d}x = ($ $)$。

    A. -1 B. 1 C. 2 D. 3

6. 下列广义积分中发散的是(   )。

    A. $\int_1^{+\infty} \dfrac{\mathrm{d}x}{x}$ B. $\int_1^{+\infty} \dfrac{\mathrm{d}x}{x\sqrt{x}}$ C. $\int_1^{+\infty} \dfrac{\mathrm{d}x}{x^2}$ D. $\int_1^{+\infty} \dfrac{\mathrm{d}x}{x^2\sqrt{x}}$

7. 设函数 $f(x)$ 在区间 $[0,1]$ 上连续,若令 $t=2x$,则定积分 $\int_0^1 f(2x)\mathrm{d}x$ 可化为(   )。

    A. $\dfrac{1}{2}\int_0^1 f(t)\mathrm{d}t$ B. $2\int_0^1 f(t)\mathrm{d}t$ C. $\dfrac{1}{2}\int_0^2 f(t)\mathrm{d}t$ D. $2\int_0^2 f(t)\mathrm{d}t$

8. $\int_{-1}^1 x^2 \arcsin x\,\mathrm{d}x = ($ $)$。

    A. $\dfrac{\pi}{2}$ B. $\dfrac{\pi}{4}$ C. 1 D. 0

9. 若 $F(x)=\int_a^x xf(t)\mathrm{d}t$,则 $F'(x)=($ $)$。

    A. $xf(x)$ B. $\int_a^x f(t)\mathrm{d}t + xf(x)$

    C. $(x-a)f(x)$ D. $(x-a)[f(x)-f(a)]$

10. 已知当 $x\to 0$ 时,$\int_0^x \sin t\,\mathrm{d}t$ 与 x^a 是同阶无穷小,则 $a=($ $)$。

    A. -1 B. 1 C. 0 D. 2

二、填空题

1. 设连续函数 $f(x)$ 满足 $f(x)=\sin x+1-\int_{-1}^{1}f(x)\mathrm{d}x$ ，则 $f(x)=$ _____ 。

2. 设 e^{x+1} 为 $f(x)$ 的一个原函数，则 $\int_{0}^{1}x\,\mathrm{d}f(x)=$ _____ 。

3. $\int_{1}^{\sqrt{3}}\dfrac{1+2x^{2}}{1+x^{2}}\mathrm{d}x=$ _____ 。

4. 若定积分 $\int_{0}^{2}kx(1+x^{2})^{-2}\mathrm{d}x=32$ ，则 $k=$ _____ 。

5. 设 $\int_{0}^{x}f(t)\mathrm{d}t=a^{2x}$ ，则 $f(x)=$ _____ 。

6. $\int_{-2}^{2}|x|(1+\sin^{3}x)\mathrm{d}x=$ _____ 。

7. $\int_{\frac{\pi}{4}}^{\frac{\pi}{2}}\cos x\,\mathrm{d}x$ _____ $\int_{\frac{\pi}{4}}^{\frac{\pi}{2}}\sin x\,\mathrm{d}x$ （填 "$>$""$<$""$=$""$\geqslant$""$\leqslant$"）。

8. 定积分 $\int_{-1}^{1}\dfrac{1}{(2x+3)^{2}}\mathrm{d}x=$ _____ 。

三、简答题

1. 计算 $\lim\limits_{x\to 0}\dfrac{\int_{0}^{x}t\mathrm{e}^{t^{2}}\mathrm{d}t}{x^{2}}$ 。

2. 计算 $\int_{1}^{3}\ln x\,\mathrm{d}x$ 。

3. 求由 $\int_{2}^{y}\mathrm{e}^{t}\mathrm{d}t+\int_{0}^{x}\cos t\,\mathrm{d}t=0$ 所确定的隐函数 y 对 x 的导数 $\dfrac{\mathrm{d}y}{\mathrm{d}x}$ 。

4. 计算 $\int_{0}^{1}\sqrt{1-x^{2}}\,\mathrm{d}x$ 。

模块 20　定积分的应用

（1）掌握平面图形面积的定积分计算。

（2）掌握旋转体体积的定积分计算。

（3）掌握平面曲线弧长的定积分计算。

任务 56　定积分与平面图形的面积

（1）由曲线 $y=f(x)$ 与直线 $x=a$，$x=b$，x 轴所围成的图形（见图 20-1），在小区间 $[x,x+\mathrm{d}x]$ 内的微面积

$$\mathrm{d}S=f(x)\mathrm{d}x$$

（2）由曲线 $y_1=f_1(x)$，$y_2=f_2(x)$ 与直线 $x=a$，$x=b$ 所围成的图形（见图 20-2），在小区间 $[x,x+\mathrm{d}x]$ 内的微面积

$$\mathrm{d}S=[f_2(x)-f_1(x)]\mathrm{d}x$$

围成的总面积

$$S=\int_a^b[f_2(x)-f_1(x)]\mathrm{d}x$$

（3）由曲线 $x_1=g_1(y)$，$x_2=g_2(y)$ 与直线 $y=a$，$y=b$ 所围成的图形（见图 20-3），在小区间 $[y,y+\mathrm{d}y]$ 内的微面积

$$\mathrm{d}S=[g_2(y)-g_1(y)]\mathrm{d}y$$

围成的总面积

$$S=\int_a^b[g_2(y)-g_1(y)]\mathrm{d}y$$

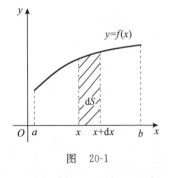

图 20-1

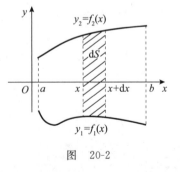

图 20-2

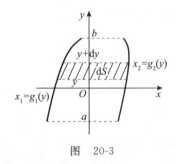

图 20-3

【例 20-1】 求由曲线 $y=x^2$ 和直线 $x=1$ 以及 x 轴与 y 轴所围成的图形的面积。

解：作图，如图 20-4 所示。求交点坐标 $O(0,0)$，$A(1,1)$。

观察发现,可取 x 为积分变量,得到围成图形的面积为

$$S = \int_0^1 x^2 \mathrm{d}x = \frac{1}{3}x^3 \Big|_0^1 = \frac{1}{3}$$

【例 20-2】　求由曲线 $y^2 = 2x, y = x - 4$ 所围成的图形的面积。

解: 作图,如图 20-5 所示。求交点坐标 $A(8,4), B(2,-2)$。

观察发现,可取 y 为积分变量,得到围成图形的面积为

$$S = \int_{-2}^4 \left(y + 4 - \frac{1}{2}y^2 \right) \mathrm{d}y = \left(\frac{1}{2}y^2 + 4y - \frac{1}{6}y^3 \right) \Big|_{-2}^4 = 18$$

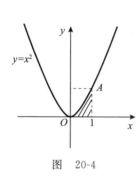 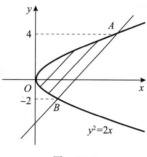

图　20-4　　　　　　　　图　20-5

规律方法

　　求平面内曲线围成的图形的面积:①尽量准确地画出所求图形的草图;②求出交点的坐标;③选择合适的坐标和积分变量并确定积分区间;④建立定积分表示面积。

任务 57　定积分与旋转体的体积

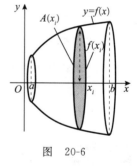

(1) 由连续曲线 $y = f(x)$ 和直线 $x = a, x = b$ 以及 x 轴所围成的曲边梯形绕 x 轴旋转而成的图形如图 20-6 所示。

其在区间 $[a,b]$ 上点 x_i 处垂直于 x 轴的截面面积为

$$A(x_i) = \pi f^2(x_i)$$

在 x 的变化区间 $[a,b]$ 内积分,得旋转体体积为

$$V = \pi \int_a^b f^2(x) \mathrm{d}x$$

图　20-6

(2) 由连续曲线 $x = g(y)$ 和直线 $y = a, y = b$ 以及 y 轴所围成的曲边梯形绕 y 轴旋转而成的图形如图 20-7 所示。

在区间 $[a,b]$ 上点 y_i 处垂直于 y 轴的截面面积为

$$A(y_i) = \pi g^2(y_i)$$

在 x 的变化区间 $[a,b]$ 内积分,得旋转体体积为

$$V = \pi \int_a^b g^2(y) \mathrm{d}y$$

【**例 20-3**】 求由曲线 $y=x^2+1$ 与直线 $x=1$，x 轴及 y 轴绕 x 轴旋转一周所得旋转体的体积。

解：由题意作图，如图 20-8 所示，可知旋转体的体积为

$$V=\pi\int_0^1 (x^2+1)^2\,\mathrm{d}x=\pi\int_0^1 (x^4+2x^2+1)\,\mathrm{d}x$$

$$=\pi\left(\frac{1}{5}x^5+\frac{2}{3}x^3+x\right)\Big|_0^1=\frac{28}{15}\pi$$

【**例 20-4**】 求由抛物线 $2x=y^2$，直线 $y=1$ 及 y 轴所围成的图形绕 y 轴旋转一周所形成的旋转体的体积。

解：由题意作图，如图 20-9 所示，可知旋转体的体积为

$$V=\pi\int_0^1\left(\frac{y^2}{2}\right)^2\,\mathrm{d}y=\pi\int_0^1\frac{y^4}{4}\,\mathrm{d}x$$

$$=\pi\,\frac{1}{20}y^5\Big|_0^1=\frac{1}{20}\pi$$

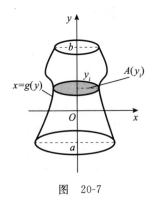

图 20-7

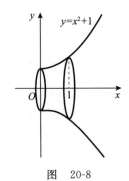

图 20-8

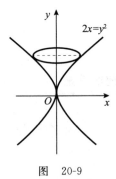

图 20-9

规律方法

　　求旋转体体积：①利用定积分求平面图形的方法确定旋转截面；②利用旋转体积定积分公式计算旋转体体积。

任务 58　定积分与平面曲线的弧长

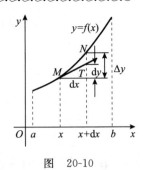

图 20-10

　　设曲线弧由直角坐标方程 $y=f(x)(a\leqslant x\leqslant b)$ 给出，其中 $f(x)$ 在区间 $[a,b]$ 上具有一阶导数，选取 $x\in[a,b]$ 为积分变量，任取一小区间 $[x,x+\mathrm{d}x]$，相应的小弧段 MN 的长度就可以用曲线在点 $M(x,f(x))$ 处的切线段 MT 的长度近似代替，如图 20-10 所示。

　　切线段长为

$$MT=\sqrt{(\mathrm{d}x)^2+(\mathrm{d}y)^2}=\sqrt{1+(y')^2}\,\mathrm{d}x$$

进而可取弧长微元为

$$\mathrm{d}l = MT = \sqrt{(\mathrm{d}x)^2 + (\mathrm{d}y)^2} = \sqrt{1+(y')^2}\,\mathrm{d}x$$

所以曲线 $f(x)$ 在区间 $[a,b]$ 内的弧长为

$$l = \int_a^b \sqrt{1+(y')^2}\,\mathrm{d}x$$

【例 20-5】　求抛物线 $y=x^2$ 在 x 从 2 到 4 的曲线长度。

解： 由题意可知，曲线长度为

$$l = \int_2^4 \sqrt{1+(2x)^2}\,\mathrm{d}x = \int_2^4 \sqrt{1+4x^2}\,\mathrm{d}x = \frac{(1+4x^2)^{\frac{3}{2}}}{12x}\Big|_2^4 = \frac{\sqrt{65^3}-2\sqrt{17^3}}{48}$$

练　习　题

1. 求抛物线 $y^2=x$ 和 $y=x^2$ 所围成的图形的面积。

2. 求抛物线 $y^2=x+2$ 与直线 $x-y=0$ 所围成的图形的面积。

3. 求由曲线 $y=x^{\frac{5}{2}}$ 与直线 $x=1$ 围成的图形绕 x 轴旋转一周所得的旋转体体积。

4. 计算曲线 $y=\frac{\sqrt{x}}{3}(3-x)$ 上相应于 $1\leqslant x\leqslant 3$ 的一段弧的长度。

定积分应用巩固练习

一、选择题

1.由直线 $x=1,x=2,y$ 轴及 $y=2x-1$ 所围成的图形的面积是(　　)。

　　A. 1　　　　　　　　B. 2　　　　　　　　C. 3　　　　　　　　D. 4

2.已知直线 $y=c(c$ 为待定常数)平分曲线 $y=x^2$ 和直线 $y=1$ 所围成的平面图形的面积,则 $c=$(　　)。

　　A. $\dfrac{1}{2}$　　　　　　B. 1　　　　　　C. $\sqrt[3]{\dfrac{1}{2}}$　　　　　D. $\sqrt[3]{\dfrac{1}{4}}$

3.由曲线 $y=e^{-x}$ 与两坐标轴及直线 $x=1$ 所围成的平面图形的面积为(　　)。

　　A. $1-e$　　　　　　B. $e-1$　　　　　C. $1-e^{-1}$　　　　　D. $e^{-1}-1$

4.若曲线 $y=\sqrt{ax}(a>0)$ 与 x 轴及直线 $x=3$ 所围成的平面图形的面积为 6,则 $a=$(　　)。

　　A. 3　　　　　　　　B. 6　　　　　　　　C. 2　　　　　　　　D. 1

5.已知平面图形 D 由曲线 $y=\sqrt{1+x}$ 和直线 $y=1+x$ 所围成,则 D 绕 x 轴旋转一周所得旋转体的体积为(　　)。

　　A. $\dfrac{\pi}{6}$　　　　　　B. $\dfrac{\pi}{3}$　　　　　C. $\dfrac{\pi}{2}$　　　　　D. $\dfrac{\pi}{4}$

二、计算题

1.平面图形 D 由曲线 $y=x^2$ 和直线 $y=x+2$ 所围成,求平面图形 D 的面积。

2.求由曲线 $y=4-x^2$ 和直线 $y=3x(x>0)$ 所围成的平面图形的面积,并求该封闭图形绕 y 轴旋转一周所得的旋转体的体积。

专题训练

专题 1　求函数定义域

1. 函数 $y=\sqrt{4-x^2}$ 的定义域为（　　）。

 A. $(-2,2)$ B. $(-\infty,-2)$

 C. $[-2,2]$ D. $(2,+\infty)$

2. 函数 $y=\log_3(x+2)$ 的定义域为（　　）。

 A. $(-\infty,2)$ B. $(-2,+\infty)$

 C. $(-\infty,2]$ D. $(-\infty,-2]$

3. 函数 $y=\dfrac{2}{3x-6}$ 的定义域为（　　）。

 A. $(-\infty,2)\cup(2,+\infty)$ B. $(-\infty,2)$

 C. $(-2,+\infty)$ D. $(-\infty,-2)\cup(-2,+\infty)$

4. 函数 $y=\arcsin(x+2)$ 的定义域为（　　）。

 A. $(-\infty,-3)\cup(-1,+\infty)$ B. $(-3,-1)$

 C. $[-3,-1]$ D. $(-\infty,-3]\cup[-1,+\infty)$

5. 函数 $y=\dfrac{1}{\sqrt{x+2}}+\ln x$ 的定义域为（　　）。

 A. $(0,+\infty)$ B. $(-2,+\infty)$ C. $[0,+\infty)$ D. $[-2,+\infty)$

6. 函数 $y=\arccos(2x-3)+\sqrt{e^{2x-1}-1}$ 的定义域为（　　）。

 A. $\left(\dfrac{1}{2},2\right)$ B. $(1,2)$ C. $[1,2]$ D. $\left[\dfrac{1}{2},2\right]$

7. 函数 $y=\dfrac{3}{\ln(x-2)}$ 的定义域为（　　）。

 A. $(2,+\infty)$ B. $(3,+\infty)$

 C. $[2,3]$ D. $(2,3)\cup(3,+\infty)$

8. 函数 $y=\dfrac{1}{\sqrt{4-x^2}}+\ln(x^2-1)$ 的定义域为（　　）。

 A. $[-2,-1]\cup[1,2]$ B. $(-2,2)$

 C. $(-2,-1)\cup(1,2)$ D. $(-\infty,-1)\cup(1,+\infty)$

9. 函数 $y=\dfrac{\sqrt{5-x}}{x-2}+\sqrt{\lg x}$ 的定义域为（　　）。

 A. $[1,2)\cup(2,5]$ B. $[1,5]$ C. $(2,5)$ D. $[1,2)$

10. 函数 $y=\dfrac{\sqrt{9-x^2}}{\lg(x+2)}$ 的定义域为（　　）。

 A. $[-2,3]$ B. $[-3,3]$

 C. $(-2,-1)\cup(-1,3]$ D. $(-2,3)$

11. 函数 $y=\begin{cases} 0 & (-1 < x \leqslant 0) \\ x^2 & (0 < x \leqslant 1) \\ 3-x & (1 < x \leqslant 2) \end{cases}$ 的定义域为(　　)。

  A. $(-1,2]$　　　　 B. $[-1,2]$　　 C. $(-2,1)$　　　 D. $[-2,1)$

12. 函数 $y=\begin{cases} 2\sqrt{x} & (0 \leqslant x \leqslant 1) \\ 1+x & (x > 1) \end{cases}$ 的定义域为(　　)。

  A. $(0,+\infty)$　　　 B. $(-\infty,0)$　　 C. $(1,+\infty)$　　 D. $(-1,+\infty)$

13. 函数 $y=\begin{cases} x & (-1 < x \leqslant 0) \\ \sin x & (0 < x < 3) \\ e^x & (x > 3) \end{cases}$ 的定义域为(　　)。

  A. $(-1,+\infty)$　　　　　　　　 B. $[-1,3]$

  C. $[-1,3)$　　　　　　　　　 D. $[-1,3) \cup (3,+\infty)$

14. 设函数 $f(x)$ 的定义域为 $[0,1]$，则函数 $f(\ln x)$ 的定义域为(　　)。

  A. $(-\infty,e)$　　　　　　　　 B. $(1,e)$

  C. $[1,e]$　　　　　　　　　　 D. $(-\infty,1) \cup (e,+\infty)$

15. 设函数 $f(x)$ 的定义域为 $[-1,1]$，则函数 $g(x)=f(x+1)+f(\sin x)$ 的定义域为(　　)。

  A. $(-2,0)$　　　 B. $[-2,0]$　　 C. $(-\infty,+\infty)$　　 D. $(-\infty,2)$

16. 设函数 $f(2x-1)$ 的定义域为 $[0,1]$，则函数 $f(x)$ 的定义域为(　　)。

  A. $\left[\dfrac{1}{2},1\right]$　　　 B. $[-1,1]$　　 C. $[0,1]$　　　 D. $[-1,2]$

17. 设函数 $f(\log_2 x-1)$ 的定义域为 $(2,8]$，则函数 $f(x)$ 的定义域为(　　)。

  A. $[0,2]$　　　　 B. $(2,8]$　　 C. $[8,512]$　　　 D. $(8,512]$

18. 下列各组函数中相同的是(　　)。

  A. $f(x)=x, g(x)=\sqrt{x^2}$　　　　　 B. $f(x)=\dfrac{1}{x+1}, g(x)=\dfrac{x-1}{x^2-1}$

  C. $f(x)=\cos x, g(x)=\sqrt{1-\sin^2 x}$　　 D. $f(x)=\sin^2 x+\cos^2 x, g(x)=1$

19. 函数 $f(x)=\lg(\arccos x)$ 的连续区间为(　　)。

  A. $[-1,1]$　　　 B. $(-1,1]$　　 C. $(-1,1)$　　　 D. $[-1,1)$

20. 函数 $f(x)=\arctan(1+x)$ 的连续区间为(　　)。

  A. $\left[-\dfrac{\pi}{2},\dfrac{\pi}{2}\right]$　　 B. $\left(-\dfrac{\pi}{2},\dfrac{\pi}{2}\right)$　　 C. $(-\infty,+\infty)$　　 D. $\left(-\infty,\dfrac{\pi}{2}\right)$

专题 2　求函数解析式

1. 已知函数 $f(x)=x^2$，则 $f(e^x)=($　　$)$。

   A. $2e^x$　　　　　　B. e^{2x}　　　　　　C. e^{x^2}　　　　　　D. $\dfrac{e^{2x}}{2}$

2. 设函数 $f(3x+1)=4x+3$，则 $f(x)=($　　$)$。

   A. $\dfrac{4}{3}x-\dfrac{5}{3}$　　　B. $-\dfrac{4}{3}x+\dfrac{5}{3}$　　　C. $-\dfrac{4}{3}x+\dfrac{8}{3}$　　　D. $\dfrac{4}{3}x+\dfrac{5}{3}$

3. 设函数 $f(x+1)=x^2-x$，则 $f(x)=($　　$)$。

   A. x^2-3x+2　　　B. x^2+3x+2　　　C. $-x^2+3x+2$　　　D. x^2+3x-2

4. 设函数 $f\left(x-\dfrac{1}{x}\right)=x^2+\dfrac{1}{x^2}-2$，则 $f(x)=($　　$)$。

   A. $-x^2$　　　　　　B. x^2　　　　　　C. $(x+1)^2$　　　　　　D. $(-x+1)^2$

5. 设函数 $f(\cos x)=\sin^2 x+\cos x$，则 $f(x)=($　　$)$。

   A. $1-x^2+x$　　　B. x^2+x-1　　　C. x^2-x-1　　　D. $-x^2+x-1$

6. 设函数 $f(x-1)=x^2$，则 $f(x+1)=($　　$)$。

   A. x^2+4x-4　　　B. x^2-4x+4　　　C. x^2+4x+4　　　D. x^2-4x-4

专题3 复合函数分解与合成

1. 设函数 $f(u) = u^2, u = 2^x$，则 $f(x) = $ _____。

2. 函数 $f(x) = e^{-2x}$ 的复合过程是 _____。

3. 函数 $f(x) = \ln(x^2 - 1)$ 的复合过程是 _____。

4. 函数 $f(x) = \sin^2 x$ 的复合过程是 _____。

5. 设函数 $f(x) = \ln x, \varphi(x) = e^{\sin x^2}$，则 $f[\varphi(x)] = ($ ___ $)$。

    A. $e^{\ln \sin x^2}$ B. $e^{2\ln \sin x}$ C. $\ln e^{2\sin x}$ D. $\ln e^{\sin x^2}$

6. 由 $y = \log_5 u, u = \sin v, v = 1 - x^2$ 构成的复合函数为( )。

    A. $y = \log_5[2\sin(1 - x^2)]$ B. $y = \log_5 \sin(1 - x^2)$

    C. $y = \sin(1 - \log_5 x^2)$ D. $y = 1 - \log_5 \sin x^2$

7. 函数 $f(x) = \dfrac{1}{\arccos(x^2 - 1)}$ 的复合过程是( )。

    A. $y = u, u = \dfrac{1}{v}, v = \arccos t, t = x^2 - 1$ B. $y = \dfrac{1}{v}, v = \arccos t, t = x^2 - 1$

    C. $y = \dfrac{1}{\arccos v}, v = x^2 - 1$ D. $y = \dfrac{1}{v}, v = \arccos(x^2 - 1)$

8. 函数 $f(x) = \ln^5 \cos e^{-x}$ 的复合过程是( )。

    A. $y = u^5, u = \ln v, v = \cos t, t = e^x$

    B. $y = s, s = u^5, u = \ln v, v = \cos t, t = e^x$

    C. $y = u^5, u = \ln v, v = \cos t, t = e^s, s = -x$

    D. $y = u^5, u = \ln v, v = \cos t, t = e^{-x}$

9. 函数 $f(x) = \cos^{10}(e^{\arctan 2x})$ 的复合过程是( )。

    A. $y = \cos^{10} e^t, t = \arctan s, s = 2x$

    B. $y = \cos^{10} u, u = e^t, t = \arctan s, s = 2x$

    C. $y = m^{10}, m = \cos u, u = e^t, t = \arctan s, s = 2x$

    D. $y = \cos^{10} e^t, t = \arctan 2x$

10. 函数 $f(x) = 3^{\cos(2x - 1)}$ 的复合过程是( )。

    A. $y = 3^u, u = \cos v, v = 2x - 1$

    B. $y = u^3, u = \cos v, v = 2x - 1$

    C. $y = t, t = 3^u, u = \cos v, v = 2x - 1$

    D. $y = t, t = u^3, u = \cos v, v = 2x - 1$

专题4 求 反 函 数

1. 函数 $y=\sqrt[3]{x+1}$ 的反函数为_____。

2. 函数 $y=\sqrt{x+1}$ 的反函数为_____。

3. 函数 $y=2^{x+1}$ 的反函数为_____。

4. 函数 $y=\log_2 x+1$ 的反函数为_____。

5. 已知函数 $f(x)=\dfrac{2x}{3x-1}$，则 $f^{-1}(x)=$_____。

6. 函数 $f(x)=\dfrac{x+1}{3x-1}$，则 $f^{-1}(x)=$_____。

7. 已知 $f(x)=x^2$，$\varphi(x)=\sqrt{x}$，则下列说法中正确的是(   )。

   A. $f(x)=x^2$ 是 $\varphi(x)=\sqrt{x}$ 的反函数

   B. $f(x)=x^2$ 单调递增，则 $f(x)$ 是 $\varphi(x)=\sqrt{x}$ 的反函数

   C. $f(x)=x^2$ 单调递减，则 $f(x)$ 是 $\varphi(x)=\sqrt{x}$ 的反函数

8. 下列各对函数互为反函数的是(   )。

   A. $y=\sin 2x$，$y=\arcsin\dfrac{x}{2}$　　　　　　B. $y=e^x$，$y=\ln x$

   C. $y=\arctan x$，$y=\mathrm{arccot}\,x$　　　　　　D. $y=x^2$，$y=\dfrac{x^2}{2}$

9. 函数 $y=\log_4 2+\log_4 \sqrt{x}$ 的反函数为(   )。

   A. $y=2^{x-1}$　　　　B. $y=2^{2x-1}$　　　　C. $y=4^{2x-1}$　　　　D. $4x-1$

专题 5　函数的性质

1. 函数 $f(x)=x^4\sin x$ 为(　　)函数。

    A. 奇　　　　　　　　　　　　　　　　B. 偶

    C. 非奇非偶　　　　　　　　　　　　　　D. 既是奇函数又是偶函数

2. 函数 $f(x)=(e^x-e^{-x})\sin x$ 为(　　)函数。

    A. 奇　　　　　　　　　　　　　　　　B. 偶

    C. 非奇非偶　　　　　　　　　　　　　　D. 既是奇函数又是偶函数

3. 函数 $g(x)=\ln\dfrac{1-x}{1+x}$ 为(　　)函数。

    A. 奇　　　　　　　　　　　　　　　　B. 偶

    C. 非奇非偶　　　　　　　　　　　　　　D. 既是奇函数又是偶函数

4. 函数 $f(x)=\ln(x+\sqrt{1+x^2})$ 为(　　)函数。

    A. 奇　　　　　　　　　　　　　　　　B. 偶

    C. 非奇非偶　　　　　　　　　　　　　　D. 既是奇函数又是偶函数

5. 函数 $g(x)=\ln\sin(\cos^2 x)$ 的图象关于(　　)对称。

    A. $x=0$　　　　B. $y=0$　　　　C. $(0,0)$　　　　D. $y=x$

6. 函数 $g(x)=\sin 3x+2$ 的周期是(　　)。

    A. $\dfrac{\pi}{3}$　　　　B. 2π　　　　C. $\dfrac{2\pi}{3}$　　　　D. $\dfrac{\pi}{6}$

7. 函数 $g(x)=\tan\left(\dfrac{1}{2}x+3\right)$ 的周期是(　　)。

    A. π　　　　B. 2π　　　　C. $\dfrac{4\pi}{3}$　　　　D. $\dfrac{\pi}{6}$

8. 函数 $g(x)=\sin\dfrac{x}{2}+\cos\dfrac{x}{6}$ 的周期是(　　)。

    A. 4π　　　　B. 2π　　　　C. 6π　　　　D. 12π

9. 函数 $g(x)=\sin\dfrac{x}{2}+\tan\dfrac{x}{2}$ 的周期是(　　)。

    A. 4π　　　　B. 2π　　　　C. π　　　　D. $\dfrac{\pi}{2}$

专题6　数 列 极 限

1. $\lim\limits_{n\to\infty}\left[\dfrac{1}{1\times2}+\dfrac{1}{2\times3}+\cdots+\dfrac{1}{n(n+1)}\right]=($ 　　)。

A. 2 　　　　　　B. 3 　　　　　　C. 1 　　　　　　D. 0

2. $\lim\limits_{n\to\infty}\left[\dfrac{3}{1\times2}+\dfrac{3}{2\times3}+\cdots+\dfrac{3}{n(n+1)}\right]=($ 　　)。

A. 2 　　　　　　B. 3 　　　　　　C. 1 　　　　　　D. 0

3. $\lim\limits_{n\to\infty}\dfrac{n}{\sqrt{n^2+n}}=($ 　　)。

A. 0 　　　　　　B. $\dfrac{1}{2}$ 　　　　　　C. 1 　　　　　　D. $\dfrac{3}{2}$

4. $\lim\limits_{n\to\infty}\dfrac{\sqrt{9n^2+2n+1}}{n}=($ 　　)。

A. 2 　　　　　　B. 3 　　　　　　C. 1 　　　　　　D. 0

5. $\lim\limits_{n\to\infty}(\sqrt{n+1}-\sqrt{n})=($ 　　)。

A. 2 　　　　　　B. 3 　　　　　　C. 1 　　　　　　D. 0

6. $\lim\limits_{n\to\infty}(\sqrt{n+5}-\sqrt{n})=($ 　　)。

A. 0 　　　　　　B. 1 　　　　　　C. 2 　　　　　　D. 3

7. $\lim\limits_{n\to0}\ln\dfrac{\sqrt{n+1}-1}{n}=($ 　　)。

A. 0 　　　　　　B. $\ln2$ 　　　　　　C. $\ln\dfrac{1}{2}$ 　　　　　　D. 1

8. 数列$\{x_n\}$收敛是$\{x_n\}$有界的(　　)条件。

A. 充分不必要 　　　　　　　　　　B. 必要不充分

C. 充要 　　　　　　　　　　　　　D. 既不充分也不必要

专题 7   分段函数在分段点处的极限

1. 设函数 $f(x)=\begin{cases} x+2 & (x<0) \\ x & (x=0) \\ 2+3x & (x>0) \end{cases}$，则 $\lim\limits_{x\to 0}f(x)=(\quad)$。

   A. 0   B. 2   C. 3   D. 不存在

2. 设函数 $f(x)=\begin{cases} x-3 & (x<0) \\ 0 & (x=0) \\ 2^x & (x>0) \end{cases}$，则 $\lim\limits_{x\to 0}f(x)=(\quad)$。

   A. 0   B. 1   C. 2   D. 不存在

3. 设函数 $f(x)=\begin{cases} x^2+1 & (x<0) \\ 2 & (x=0) \\ x+k & (x>0) \end{cases}$ 在 $x=0$ 处有极限，则 $k=(\quad)$。

   A. -1 B. 0   C. 1   D. 2

专题 8　$\lim \dfrac{f(x)}{g(x)}$ 类型的极限

1. $\lim\limits_{x \to 2} \dfrac{4x^2 - 7}{x^3 - 5x + 3} =$ _____。

2. $\lim\limits_{x \to 2} \dfrac{x - 2}{x^2 - 4} =$ _____。

3. $\lim\limits_{x \to 3} \dfrac{x - 5x + 6}{x^2 - 9} =$ _____。

4. $\lim\limits_{x \to 1} \dfrac{x^2 - 1}{2x^2 - x - 1} =$ _____。

5. $\lim\limits_{x \to -1} \left(\dfrac{1}{x + 1} - \dfrac{3}{x^3 + 1} \right) =$ _____。

6. $\lim\limits_{x \to 1} \dfrac{\sqrt{5x - 4} - \sqrt{x}}{x - 1} =$ _____。

7. $\lim\limits_{x \to 5} \dfrac{x - 5}{\sqrt{2x - 1} - \sqrt{x + 4}} =$ _____。

8. $\lim\limits_{x \to \infty} \dfrac{-x^2}{2x^2 - x - 1} =$ _____。

9. $\lim\limits_{x \to \infty} \dfrac{x^3}{4x^2 + x - 1} =$ _____。

10. $\lim\limits_{x \to \infty} \dfrac{x^3 - x - 1}{3x^5 - 2x^4 + 1} =$ _____。

11. 设 a, b 为常数，若 $\lim\limits_{x \to \infty} \left(\dfrac{ax^2}{x + 1} + bx \right) = 2$，则 $a + b =$ _____。

12. 设 $\lim\limits_{x \to 1} \dfrac{x^3 + ax - 2}{x^2 - 1} = 2$，则 $a =$ _____。

13. 设 a, b 为常数，若 $\lim\limits_{x \to 2} \dfrac{x^2 - 3x + k}{x - 2}$ 存在，则 $k =$ _____。

14. 设 a, b 为常数，若 $\lim\limits_{x \to \infty} \dfrac{ax^3 + bx + 5}{3x + 2} = 5$，则 $a + b =$ _____。

15. 设 a, b 为常数，若 $\lim\limits_{x \to 4} \dfrac{x^2 - 2x + m}{x - 4}$ 存在，则 $m =$ _____。

16. $\lim\limits_{x \to 0} \dfrac{\ln(1 + x^2)}{\sin x^2} =$ _____。

17. $\lim\limits_{x \to 0} \dfrac{\ln(1 + x^2)}{1 - \cos x} =$ _____。

18. $\lim\limits_{x \to 0} \dfrac{\tan x \sin x}{(e^x - 1)\arcsin x} =$ _____。

19. $\lim\limits_{x\to 0^+} \dfrac{\sin 3x}{\sqrt{1-\cos x}} =$ _____。

20. $\lim\limits_{x\to 1} \dfrac{\sin^2(x-1)}{x-1} =$ _____。

21. $\lim\limits_{x\to 2} \dfrac{x^2-x-2}{\sin(x-2)} =$ _____。

22. $\lim\limits_{x\to 2} \dfrac{e^x-e^2}{x-2} =$ _____。

23. $\lim\limits_{x\to 1} \dfrac{x^3-3x+2}{x^3-x^2-x+1} =$ _____。

24. $\lim\limits_{x\to +\infty} \dfrac{\dfrac{\pi}{2}-\arctan x}{\dfrac{1}{x}} =$ _____。

25. $\lim\limits_{x\to 0^+} \dfrac{\ln\sin x}{\ln x} =$ _____。

26. $\lim\limits_{x\to +\infty} \dfrac{\ln x}{x^n}\,(n>0) =$ _____。

27. $\lim\limits_{x\to +\infty} \dfrac{e^x}{\ln(1+x^2)} =$ _____。

28. $\lim\limits_{x\to 0} \dfrac{e^x-x-1}{x} =$ _____。

29. $\lim\limits_{x\to 0} \dfrac{x-\sin x}{x^3} =$ _____。

专题 9　特殊类型函数求极限

1. $\lim\limits_{x \to \frac{\pi}{2}} (\sec x - \tan x) = $ _____。

2. $\lim\limits_{x \to 0^+} x^n \ln x \ (n > 0) = $ _____。

3. $\lim\limits_{x \to 0} (1 - \cos x) \cot x = $ _____。

4. $\lim\limits_{x \to 1} \left(\dfrac{x}{\ln x} - \dfrac{1}{x \ln x} \right) = $ _____。

5. $\lim\limits_{x \to 0} \left(\dfrac{1}{x} - \dfrac{1}{e^x - 1} \right) = $ _____。

6. $\lim\limits_{x \to +\infty} (\ln x)^{\frac{1}{x}} = $ _____。

7. $\lim\limits_{x \to 0^+} x^x = $ _____。

8. $\lim\limits_{x \to 0} (x + e^x)^{\frac{1}{x}} = $ _____。

9. $\lim\limits_{x \to 0} \dfrac{\tan x - x}{x^2 \sin x} = $ _____。

10. $\lim\limits_{x \to 0} x^2 \sin \dfrac{1}{x} = $ _____。

11. $\lim\limits_{x \to 0} (1 - \cos 2x) \cdot \arctan x = $ _____。

12. $\lim\limits_{x \to \infty} \dfrac{\sin x}{x} = $ _____。

13. $\lim\limits_{x \to \infty} \dfrac{\arctan x}{x^{10}} = $ _____。

14. $\lim\limits_{x \to \infty} \dfrac{2 \cos 3x}{x} = $ _____。

专题 10 无穷大、无穷小及无穷小的比较

1. 设 $f(x)=\mathrm{e}^{-x^2}-1$，$g(x)=x\tan x$，则当 $x\to 0$ 时，$g(x)$ 是 $f(x)$ 的（　　）无穷小。

   A. 高阶　　　　　　　B. 低阶　　　　　　　C. 同阶非等价　　　D. 等价

2. 当 $x\to 0$ 时，下列各无穷小与 x 相比是高阶无穷小量的是（　　）。

   A. $2x^2+x$　　　　　B. $\sin x^2$　　　　　C. $\sin x+x$　　　　D. $\sin x+x^2$

3. 当 $x\to 1$ 时，无穷小量 $\mathrm{e}-\mathrm{e}^x$ 与 $x-1$ 比较是（　　）无穷小。

   A. 高阶　　　　　　　B. 低阶　　　　　　　C. 同阶非等价　　　D. 等价

4. 当 $x\to 0$ 时，$2x+a\sin x$ 与 x 是等价无穷小，则 $a=$（　　）。

   A. 0　　　　　　　　　B. -1　　　　　　　C. 1　　　　　　　　D. 2

5. 当 $n\to\infty$ 时，与 $\sin^2\dfrac{1}{n^2}$ 是等价无穷小的是（　　）。

   A. $\ln\dfrac{1}{n^2}$　　　　B. $\ln\left(1+\dfrac{1}{n^2}\right)$　　　C. $\ln\left(1+\dfrac{1}{n^4}\right)$　　　D. $\ln\left(1+\dfrac{1}{n^2}\right)^2$

专题 11　两个重要极限

1. $\lim\limits_{x \to 0} \dfrac{\sin^2 \dfrac{x}{6}}{x^2} = (\quad)$。

   A. $\dfrac{1}{36}$ B. $\dfrac{1}{6}$ C. 1   D. 10

2. $\lim\limits_{x \to \infty} x \sin \dfrac{1}{x} = (\quad)$。

   A. $\dfrac{1}{2}$ B. ∞ C. 1   D. 10

3. 若 $\lim\limits_{x \to 0} \dfrac{2\sin kx}{3x} = \dfrac{3}{2}$，则 $k = (\quad)$。

   A. $\dfrac{9}{4}$ B. $\dfrac{3}{2}$ C. $\dfrac{3}{4}$ D. $\dfrac{2}{3}$

4. $\lim\limits_{x \to \infty} x \sin \dfrac{3}{x} = (\quad)$。

   A. $\dfrac{1}{3}$ B. ∞ C. 1   D. 3

5. $\lim\limits_{x \to \infty} \left(1 + \dfrac{2}{x}\right)^x = (\quad)$。

   A. e B. e^2 C. $e^{\frac{1}{2}}$ D. e^3

6. $\lim\limits_{x \to 0} (1 + 2x)^{\frac{1}{x}} = (\quad)$。

   A. e B. e^2 C. $e^{\frac{1}{2}}$ D. e^3

7. $\lim\limits_{x \to \infty} \left(1 - \dfrac{1}{x}\right)^x = (\quad)$。

   A. e B. e^2 C. $e^{\frac{1}{2}}$ D. $\dfrac{1}{e}$

8. $\lim\limits_{x \to \infty} \left(1 + \dfrac{1}{x-1}\right)^x = (\quad)$。

   A. $e - 1$ B. e C. $e^{\frac{1}{2}}$ D. $\dfrac{1}{e}$

9. $\lim\limits_{x \to \infty} \left(\dfrac{2x+3}{2x-5}\right)^x = (\quad)$。

   A. e B. e^2 C. e^3 D. e^4

10. $\lim\limits_{x \to \infty} \left(\dfrac{x^2+2}{x^2-3}\right)^{\frac{x^2+5}{2}} = (\quad)$。

A. $e^{\frac{1}{2}}$　　　　　　B. $e^{\frac{3}{2}}$　　　　　　C. e^2　　　　　　D. $e^{\frac{5}{2}}$

11. $\lim\limits_{x\to\infty}\left(\dfrac{x+1}{x}\right)^{3x}=$（　　）。

A. e　　　　　　B. e^2　　　　　　C. e^3　　　　　　D. e^4

12. $\lim\limits_{x\to\infty}\left(\dfrac{x-4}{x+3}\right)^{x}=$（　　）。

A. e　　　　　　B. e^{-1}　　　　　　C. e^7　　　　　　D. e^{-7}

13. $\lim\limits_{x\to\frac{\pi}{2}}(1+\cos x)^{3\sec x}=$（　　）。

A. e　　　　　　B. e^2　　　　　　C. e^3　　　　　　D. e^4

14. $\lim\limits_{x\to+\infty}\left(\sin\dfrac{2}{x}+1\right)^{2x}=$（　　）。

A. e　　　　　　B. e^2　　　　　　C. e^3　　　　　　D. e^4

15. $\lim\limits_{x\to0}\dfrac{(1-\cos x)\sin x}{2x^3}=$（　　）。

A. $\dfrac{1}{2}$　　　　　　B. 1　　　　　　C. $\dfrac{1}{3}$　　　　　　D. $\dfrac{1}{4}$

专题 12　函数连续性及其应用

1.已知函数 $f(x)=\begin{cases} x+m & (x>0) \\ 1 & (x=0) \\ \dfrac{1}{1-x} & (x<0) \end{cases}$ 在 $x=0$ 处连续,则 $m=$＿＿＿＿。

2.已知函数 $f(x)=\begin{cases} \dfrac{\sin x}{x} & (x>0) \\ x^2+2a & (x\leqslant 0) \end{cases}$ 在 $x=0$ 处连续,则 $a=$＿＿＿＿。

3.已知函数 $f(x)=\begin{cases} \dfrac{\sin bx}{x} & (x>0) \\ bx^2+a & (x\leqslant 0) \end{cases}$ 在 $x=0$ 处连续,则 $a-b=$＿＿＿＿。

4.已知函数 $f(x)=\begin{cases} \dfrac{\sin 2x+\mathrm{e}^{2ax}-1}{x} & (x\neq 0) \\ 3a & (x=0) \end{cases}$ 在 $(-\infty,+\infty)$ 内连续,则 $a=$＿＿＿＿。

5.“$\lim\limits_{x\to a}f(x)$存在”是“$f(x)$在 $x=a$ 处连续”的(　　)条件。

　　A. 充分必要　　　　　　　　　　B. 必要不充分

　　C. 充分不必要　　　　　　　　　D. 既不充分也不必要

6.已知函数 $f(x)=\begin{cases} \dfrac{1}{x}\sin x & (x<0) \\ a & (x=0) \\ x\sin\dfrac{1}{x}+b & (x>0) \end{cases}$,则在 $x=0$ 处,下列结论不一定正确的是(　　)。

　　A. 当 $a=1$ 时,$f(x)$左连续　　　　　B. 当 $a=b$ 时,$f(x)$右连续

　　C. 当 $b=1$ 时,$f(x)$必连续　　　　　D. 当 $a=b=1$ 时,$f(x)$必连续

7.$x=0$ 是函数 $f(x)=2^{\frac{1}{x}-1}$ 的(　　)。

　　A. 可去间断点　　　　B. 跳跃间断点　　　　C. 第二类间断点　　　　D. 连续点

8.$x=1$ 是函数 $f(x)=\begin{cases} x & (x\geqslant 1) \\ \cos\dfrac{\pi}{2}x & (x<1) \end{cases}$ 的(　　)。

　　A. 可去间断点　　　　B. 跳跃间断点　　　　C. 第二类间断点　　　　D. 连续点

9.$x=1$ 是函数 $f(x)=\dfrac{x^2-1}{x^2-3x+2}$ 的(　　)。

　　A. 可去间断点　　　　B. 跳跃间断点　　　　C. 第二类间断点　　　　D. 连续点

10.设函数 $f(x)=\begin{cases} \mathrm{e}^{\frac{1}{x-1}} & (x<1) \\ \ln x & (x\geqslant 1) \end{cases}$,则 $x=1$ 是函数 $f(x)$的(　　)。

A. 可去间断点   B. 跳跃间断点   C. 第二类间断点   D. 连续点

11. 函数 $f(x) = \dfrac{x-5}{x^2-4}$ 有(　　)个间断点。

     A. 1   B. 2   C. 3   D. 4

12. 函数 $f(x) = \dfrac{1}{\ln|x|}$ 有(　　)个间断点。

     A. 1   B. 2   C. 3   D. 4

13. 下列区间中,使方程 $x^3 - 4x^2 + 1 = 0$ 至少有一个根的区间是(　　)。

     A. $[0,1]$ B. $[1,2]$ C. $(2,3)$ D. $[-2,-1]$

14. 下列说法中正确的是(　　)。

     A. 可导不一定可微   B. 可导一定连续

     C. 连续一定可导   D. 可导不一定连续

15. 要使 $f(x) = \dfrac{\sqrt{1+x^2}-1}{x^2}$ 在 $x=0$ 处连续,则应该补充 $f(0) = ($　　$)$。

     A. $\dfrac{1}{2}$ B. $\dfrac{1}{3}$ C. 1   D. $\dfrac{1}{4}$

16. 已知函数 $f(x) = x^{\frac{1}{x-1}}$,则 $f(x)$ 的可去间断点为(　　)。

     A. 0   B. 1   C. -1 D. 2

17. 证明:方程 $4x = 2^x$ 在区间 $\left(0, \dfrac{1}{2}\right)$ 内至少有一个实根。

18. 设 $f(x)$ 在区间 $[0,1]$ 上连续,且 $0 < f(x) < 1$,证明:至少存在一点 $c \in (0,1)$,使 $f(c) = c$。

专题 13　导 数 概 念

1. 若 $f(x)$ 在 $x=m$ 处可导，且 $\lim\limits_{x\to 0}\dfrac{f(m+3x)-f(m)}{2x}=\dfrac{1}{4}$，则 $f'(m)=$＿＿＿＿＿。

2. 若 $f'(3)=10$，则 $\lim\limits_{x\to 0}\dfrac{f(3-x)-f(3+x)}{x}=$＿＿＿＿＿。

3. 若 $f'(0)=2$，则 $\lim\limits_{h\to 0}\dfrac{f(h)-f(-h)}{h}=$＿＿＿＿＿。

4. 若 $f'(3)=1$，则 $\lim\limits_{x\to 3}\dfrac{f(x)-f(3)}{x-3}=$＿＿＿＿＿。

5. 若 $f'(0)=-5$，则 $\lim\limits_{h\to 0}\dfrac{f(h)-f(0)}{h}=$＿＿＿＿＿。

6. 已知 $f(x)$ 在 $x=0$ 处可导，且 $f(0)=0$，$\lim\limits_{x\to 0}\dfrac{f(2x)}{x}=2$，则 $f'(0)=$＿＿＿＿＿。

7. 已知 $f(x)=x^3$，则 $\lim\limits_{h\to 0}\dfrac{f(2-h)-f(2)}{h}=$＿＿＿＿＿。

8. 已知 $f(x)=\mathrm{e}^{2x}$，则 $\lim\limits_{h\to 0}\dfrac{f(-h)-1}{\ln(1+h)}=$＿＿＿＿＿。

9. 已知 $f(x)$ 在 x_0 处可导，当 $h\to 0$ 时，$f(x_0+3h)-f(x_0)+2h$ 是 h 的高阶无穷小，则 $f'(x_0)=$＿＿＿＿＿。

10. 已知 $f'(3)$ 存在，若 $\lim\limits_{x\to 3}f(x)=-4$，则 $f(3)=$＿＿＿＿＿。

11. 已知 $f(x)=\begin{cases}\mathrm{e}^{ax+1} & (x\geqslant 0)\\ x^2+x+b & (x<0)\end{cases}$ 在 $x=0$ 处可导，则 $b=$＿＿＿＿＿。

12. 若 $f(x)$ 在 $x=a$ 处可导，则 $\lim\limits_{\Delta x\to 0}\dfrac{f(a+2\Delta x)-f(a)}{\Delta x}=$（　　）。

    A. 0

    B. $f'(a)$

    C. $2f'(a)$

    D. $\dfrac{1}{2}f'(a)$

13. 函数 $f(x)=\begin{cases}\ln(x+1) & (x\geqslant 0)\\ x & (x<0)\end{cases}$ 在 $x=0$ 处（　　）。

    A. 可导

    B. 不连续

    C. 既不连续也不可导

D. 无意义

14. 设函数 $y=f(x)$ 可导,且下列选项中每个极限都存在,则下列选项中正确的是(   )。

A. $\lim\limits_{\Delta x \to 0} \dfrac{f(x_0)-f(x_0-\Delta x)}{\Delta x}=f'(x_0)$

B. $\lim\limits_{\Delta x \to 0} \dfrac{f(x_0+\Delta x)-f(x_0-\Delta x)}{2\Delta x}=f'(x_0)$

C. $\lim\limits_{x \to 0} \dfrac{f(x)-f(0)}{x}=f'(0)$

D. $\lim\limits_{h \to 0} \dfrac{f(a+h)-f(a)}{2h}=f'(a)$

专题 14　初等函数的导数与微分

1. 已知 $f(x) = 3^3\sqrt{x^2} - x^{\frac{1}{3}}$，则 $f'(1) = $ _____ 。

2. 已知 $f(x) = 3x - \dfrac{1}{\sqrt[3]{x^2}}$，则 $f'(1) = $ _____ 。

3. 已知 $f(x) = e^{-2x}\sin x$，则 $f'(0) = $ _____ 。

4. 已知 $f(x) = \ln 10x + 3^{100x}$，则 $[f(2)]' = $ _____ 。

5. 设函数 $f(x) = \begin{cases} \dfrac{2}{3}x^3 & (x \leqslant 1) \\ x^2 & (x > 1) \end{cases}$，则 $f'(1) = $ _____ 。

6. 已知 $f(x) = \arctan 2x$，则 $f'(2) = $ _____ 。

7. 设函数 $f(x) = \ln\sin x$，则 $\mathrm{d}f(x) = ($ 　　$)$。

   A. $\dfrac{\cos x}{\sin x}\mathrm{d}x$ B. $-\dfrac{\cos x}{\sin x}\mathrm{d}x$

   C. $\dfrac{1}{\sin x}\mathrm{d}x$ D. $\dfrac{1}{\cos x}\mathrm{d}x$

8. 若函数 $f(x)$ 可微，则 $\mathrm{d}f(e^{-x}) = ($ 　　$)$。

   A. $-e^{-x}f'(e^{-x})\mathrm{d}x$ B. $e^{-x}f'(e^{-x})\mathrm{d}x$

   C. $-f'(e^{-x})\mathrm{d}x$ D. $f'(e^{-x})\mathrm{d}x$

9. 若函数 $f(x)$ 可微，则 $\mathrm{d}[f(e^x) + e^{f(x)}] = ($ 　　$)$。

   A. $[f'(e^x) + f'(x)e^{f(x)}]\mathrm{d}x$ B. $[e^x f'(e^x) + f'(x)e^{f(x)}]\mathrm{d}x$

   C. $[e^x f'(e^x) + e^{f(x)}]\mathrm{d}x$ D. $[e^x f'(x) + f'(x)e^{f(x)}]\mathrm{d}x$

10. 设函数 $y = \dfrac{\ln x}{x}$，则 $\mathrm{d}y = ($ 　　$)$。

   A. $\dfrac{\mathrm{d}\ln x - \ln x\,\mathrm{d}x}{x^2}$ B. $\dfrac{\mathrm{d}\ln x + \ln x\,\mathrm{d}x}{x^2}$

   C. $\dfrac{x\,\mathrm{d}\ln x - \ln x\,\mathrm{d}x}{x^2}$ D. $\dfrac{x\,\mathrm{d}\ln x + \ln x\,\mathrm{d}x}{x^2}$

专题 15　高阶导数与近似值计算

1. 已知 $f(x)=100x^{99}+98x^{98}+2x+3$，则 $f^{99}(0)=$ _____。

2. 已知 $f(x)=100x^{99}+98x^{98}+2x+3$，且 $f^{101}(m)=a$，则 $a=$ _____。

3. 已知 $f(x)=x\mathrm{e}^x$，则 $f^{2023}(0)=$ _____。

4. 已知 $f(x)=\sin x$，则 $f^{2023}\left(\dfrac{\pi}{2}\right)=$ _____。

5. $\ln(1.02)$ 的近似值为 _____。（精确到 0.01）

6. 函数 $f(x)=\mathrm{e}^{1-x}$ 在 $x=0.99$ 处的近似值为 _____。（保留两位小数）

7. 已知 $y^{n-2}=x\ln x(n>2)$，则 $y^n=$（　　）。

    A. $\dfrac{1}{x}$ B. $\ln x+1$ C. $\ln x$ D. $x\ln x$

8. 已知 $f(x)=\ln(1+x)$，则 $y^5=$（　　）。

    A. $\dfrac{4!}{(1+x)^5}$ B. $-\dfrac{4!}{(1+x)^5}$ C. $\dfrac{5!}{(1+x)^5}$ D. $-\dfrac{5!}{(1+x)^5}$

9. 已知 $f(x)=\ln 2x$，则 $f''(2)=$ _____。

10. 已知 $f(x)=\sin x+\cos x$，则 $\mathrm{d}^2 f(x)=$（　　）。

    A. $\mathrm{d}\sin x+\mathrm{d}\cos x$ B. $\mathrm{d}\cos x-\mathrm{d}\sin x$

    C. $\mathrm{d}\sin x-\mathrm{d}\cos x$ D. $\mathrm{d}\cos x+\mathrm{d}\sin x$

11. $\mathrm{d}^n(\mathrm{e}^{2x})=$（　　）。

    A. $2^n\mathrm{e}^{2x}\mathrm{d}x$ B. $\mathrm{e}^{2x}\mathrm{d}x$ C. $2^n\mathrm{d}x$ D. $-2^n\mathrm{e}^x\mathrm{d}x$

12. $\mathrm{d}^n(\cos 2x)=$（　　）。

    A. $\sin 2x\mathrm{d}x$ B. $2^n\sin\left(2x+\dfrac{n}{2}\pi\right)\mathrm{d}x$

    C. $\cos 2x\mathrm{d}x$ D. $2^n\cos\left(2x+\dfrac{n}{2}\pi\right)\mathrm{d}x$

13. 设函数 $y=f(x)$ 的微分为 $\mathrm{d}y=\mathrm{e}^{-3x^2}\mathrm{d}x$，则 $f''(x)=$（　　）。

    A. $-6x\mathrm{e}^{-3x^2}$ B. $x\mathrm{e}^{-3x^2}$ C. $6x\mathrm{e}^{-3x^2}$ D. $-x\mathrm{e}^{-3x^2}$

14. $\sqrt[3]{126}$ 的近似值为（　　）。（精确到 0.001）

    A. 5.012   B. 5.013   C. 4.987   D. 4.988

15. $\arctan 1.05$ 的近似值为（　　）。（保留四位小数）

    A. 0.8100   B. 0.8104   C. 0.8101   D. 0.8103

专题 16　三个求导方法

1. 设方程 $e^{xy}+y\ln x=\sin 2x$ 确定的函数为 $y=y(x)$，则 $dy=$（　　）。

　A. $\dfrac{2x\cos 2x-y-xy\,e^{xy}}{x^2 e^{xy}+x\ln x}dx$

　B. $\dfrac{2x\cos 2x-y+xy\,e^{xy}}{x^2 e^{xy}-x\ln x}dx$

　C. $\dfrac{2x\sin 2x-y-xy\,e^{xy}}{x^2 e^{xy}+x\ln x}dx$

　D. $\dfrac{2x\sin 2x-y+xy\,e^{xy}}{x^2 e^{xy}-x\ln x}dx$

2. 设方程 $x+y-e^{xy}=0$ 确定的函数为 $y=y(x)$，则 $y'=$（　　）。

　A. $\dfrac{e^{xy}\cdot y-1}{1-x\,e^{xy}}$ 　　B. $\dfrac{e^{xy}-1}{1-x\,e^{xy}}$ 　　C. $\dfrac{e^{xy}+1}{1-e^{xy}}$ 　　D. $\dfrac{e^{xy}-1}{1+e^{xy}}$

3. 设方程 $x-y+\dfrac{1}{2}\sin y=0$ 确定的函数为 $y=y(x)$，则 $\dfrac{d^2 y}{dx^2}=$（　　）。

　A. $-\dfrac{4\sin y}{(2-\cos y)^3}$ 　　B. $\dfrac{2}{2-\cos y}$ 　　C. $\dfrac{4\sin y}{(2-\cos y)^3}$ 　　D. $-\dfrac{2}{2-\cos y}$

4. 已知函数 $y=x^x\,(x>0)$，则 $y'=$（　　）。

　A. x^{x-1} 　　B. $x^{x\ln x}$ 　　C. $x^x(\ln x+1)$ 　　D. x^x

5. 已知函数 $y=\sqrt{\dfrac{(x-1)(2x-2)}{-x+3}}$，则 $\dfrac{dy}{dx}=$（　　）。

　A. $\dfrac{1}{2}\left(\dfrac{1}{x-1}+\dfrac{2}{2x-2}+\dfrac{1}{-x+3}\right)\sqrt{\dfrac{(x-1)(2x-2)}{-x+3}}$

　B. $\dfrac{1}{2}\left(\dfrac{1}{x-1}+\dfrac{1}{2x-2}+\dfrac{1}{-x+3}\right)\sqrt{\dfrac{(x-1)(2x-2)}{-x+3}}$

　C. $\dfrac{1}{2}\left(\dfrac{1}{x-1}+\dfrac{2}{2x-2}-\dfrac{1}{-x+3}\right)\sqrt{\dfrac{(x-1)(2x-2)}{-x+3}}$

　D. $\dfrac{1}{2}\left(\dfrac{1}{x-1}+\dfrac{1}{2x-2}-\dfrac{1}{-x+3}\right)\sqrt{\dfrac{(x-1)(2x-2)}{-x+3}}$

6. 已知函数 $y=\sqrt{\dfrac{(x-1)(2x-1)^2}{(x+1)(x-2)}}$，则 $y'=$（　　）。

　A. $\dfrac{1}{2}\left(\dfrac{1}{x-1}+\dfrac{1}{2x-1}+\dfrac{1}{x+1}+\dfrac{1}{x-2}\right)\sqrt{\dfrac{(x-1)(2x-1)^2}{(x+1)(x-2)}}$

　B. $\dfrac{1}{2}\left(\dfrac{1}{x-1}+\dfrac{4}{2x-1}-\dfrac{1}{x+1}+\dfrac{1}{x-2}\right)\sqrt{\dfrac{(x-1)(2x-1)^2}{(x+1)(x-2)}}$

　C. $\dfrac{1}{2}\left(\dfrac{1}{x-1}+\dfrac{4}{2x-1}-\dfrac{1}{x+1}-\dfrac{1}{x-2}\right)\sqrt{\dfrac{(x-1)(2x-1)^2}{(x+1)(x-2)}}$

D. $\dfrac{1}{2}\left(\dfrac{1}{x-1}+\dfrac{4}{2x-1}+\dfrac{1}{x+1}+\dfrac{1}{x-2}\right)\sqrt{\dfrac{(x-1)(2x-1)^2}{(x+1)(x-2)}}$

7. 由参数方程 $\begin{cases} x=a\cos t \\ y=b\sin t \end{cases}$（$t$ 为参数）确定函数 y，则当 $t=\dfrac{\pi}{4}$ 时，$\dfrac{\mathrm{d}y}{\mathrm{d}x}=$（ ）。

A. $-\dfrac{b}{a}$ B. 0 C. $\dfrac{b}{a}$ D. $\dfrac{a}{b}$

8. 已知方程 $x^2+xy+y^2=1$ 所确定的函数为 $y=y(x)$，则对应曲线 $y=y(x)$ 在点 $(1,-1)$ 处的切线斜率为（ ）。

A. 1 B. 2 C. -1 D. -2

9. 曲线 $\begin{cases} y=\sin 2t \\ x=\cos t \end{cases}$（$t$ 为参数）在 $t=\dfrac{\pi}{4}$ 的对应点处的法线方程是_____。

10. 曲线 $\mathrm{e}^{xy}+2x+y=1$ 上纵坐标 $y=0$ 的对应点处的切线方程是_____。

专题 17　微分中值定理

1.函数 $f(x)=($　　$)$ 在区间 $[-1,1]$ 上满足罗尔定理的条件。

　　A. $\dfrac{1}{x}$ 　　　　　　　B. $|x|$ 　　　　　　　C. $1-x^2$ 　　　　　　　D. $x-1$

2.若 $f(x)=x^2+kx+3$ 在区间 $[-1,3]$ 上满足罗尔定理,则 $k=($　　$)$。

　　A. 2 　　　　　　　B. -2 　　　　　　　C. 0 　　　　　　　D. 1

3.下列函数在给定区间上满足罗尔定理条件的是(　　)。

　　A. $x\ln x,[0,1]$ 　　　　　　　　　　B. $\mathrm{e}^{\sqrt[3]{x^2}},[-1,1]$

　　C. $\sin 5x,[0,\pi]$ 　　　　　　　　　D. $\sqrt[3]{1-x^2},[-4,4]$

4.下列函数在区间 $[1,\mathrm{e}]$ 上满足拉格朗日中值定理条件的是(　　)。

　　A. $\ln\ln x$ 　　　　　B. $\ln x$ 　　　　　C. $\dfrac{1}{\ln x}$ 　　　　　D. $\ln(2-x)$

5.下列函数在给定区间上满足拉格朗日中值定理条件的是(　　)。

　　A. $|x-1|,[0,2]$ 　　　　　　　　　　B. $\sec x,[0,\pi]$

　　C. $x\mathrm{e}^{\sqrt{1-x}},[-1,0]$ 　　　　　　　D. $\dfrac{x}{1-x^2},[-2,2]$

6.函数 $y=\ln(1+x)$ 在区间 $[0,1]$ 上满足拉格朗日中值定理条件的 $\xi=($　　$)$。

　　A. 0 　　　　　　　B. 1 　　　　　　　C. $\dfrac{1}{\ln 2}-1$ 　　　　　　　D. $\ln 2-1$

7.函数 $f(x)=(x-1)(x-2)(x-3)$,则方程 $f'(x)=0$ 的根至少有(　　)个。

　　A. 0 　　　　　　　B. 1 　　　　　　　C. 2 　　　　　　　D. 3

专题 18　函数的单调性、极值、最值与导数

1. 函数 $f(x)=x-\dfrac{3}{2}x^{\frac{2}{3}}+\dfrac{1}{2}$ 的单调减区间为(　　)。

    A. $(0,1)$　　　　　　　　　　　　B. $(-\infty,0)$

    C. $(1,+\infty)$　　　　　　　　　　D. $(-\infty,0)\bigcup(1,+\infty)$

2. 函数 $f(x)=x^3-3x^2$ 的单调增区间为(　　)。

    A. $(-\infty,0)$　　　　　　　　　　B. $(2,+\infty)$

    C. $(-\infty,0)\bigcup(2,+\infty)$　　　　D. $(0,2)$

3. 下列函数在给定区间单调的是(　　)。

    A. $f(x)=\sin x,[0,\pi]$　　　　　　B. $f(x)=\tan x,\left(0,\dfrac{\pi}{2}\right)$

    C. $f(x)=x^2+2x,[-2,2]$　　　　D. $f(x)=|x|,[-1,1]$

4. 若 $x_0\in(a,b)$，$f'(x_0)=0$，$f''(x_0)<0$，则 x_0 一定是 $f(x)$ 的(　　)。

    A. 极小值点　　　　B. 极大值点　　　　C. 最小值点　　　　D. 最大值点

5. 若 $f(x)=|x-2|$，则点 $(2,0)$ 为 $f(x)$ 的(　　)。

    A. 极小值点　　　　B. 极大值点　　　　C. 非点　　　　D. 间断点

6. 若函数 $f(x)$ 在点 x_0 及附近邻域内具有二阶连续导数，且 $f'(x_0)=0$，$f''(x_0)\neq0$，则 $f(x)$ 在点 x_0 处(　　)。

    A. 无极值　　　　B. 有极值　　　　C. 有极大值　　　　D. 有极小值

7. 设函数 $f(x)=x^3+ax^2+bx$ 在 $x=1$ 处有极值，为 -2，则 $ab=$(　　)。

    A. 3　　　　　　B. 2　　　　　　C. 1　　　　　　D. 0

8. 下列关于函数 $f(x)=x+2\cos x$ 在区间 $\left[0,\dfrac{\pi}{2}\right]$ 上的最值说法中正确的是(　　)。

    A. 最大值为 2，最小值为 $\dfrac{\pi}{2}$　　　　B. 最大值为 $\dfrac{\pi}{2}$，最小值为 2

    C. 最大值为 $\dfrac{\pi}{6}+\sqrt{3}$，最小值为 2　　D. 最大值为 $\dfrac{\pi}{6}+\sqrt{3}$，最小值为 $\dfrac{\pi}{2}$

9. 已知函数 $f(x)=\dfrac{x^2}{x-1}$，下列说法中错误的是(　　)。

    A. 函数 $f(x)$ 在 $(-\infty,0)$ 和 $(2,+\infty)$ 内单调增加

    B. 函数 $f(x)$ 的凹区间是 $(1,+\infty)$

    C. 当 $x=2$ 时，取得极大值 $f(2)=4$

    D. 当 $x=0$ 时，取得极大值 $f(0)=0$

10. 若 $f'(x_0)=0$，$f''(x_0)>0$ 是函数 $f(x)$ 在点 $x=x_0$ 处取得极小值的一个（　　）条件。

  A. 充分必要   B. 充分不必要

  C. 必要不充分   D. 既不充分也不必要

11. 若 x_0 为函数 $y=f(x)$ 的极大值点，则下列命题中正确的是（　　）。

  A. $f(x_0)$ 比任何点的函数值都大   B. 不可能存在比 $f(x_0)$ 大的极小值

  C. x_0 也可能是区间的端点   D. 以上说法都不对

12. 下列说法中正确的是（　　）。

  A. 函数 $f(x)$ 的导数不存在的点，一定不是 $f(x)$ 的极值点

  B. 若 x_0 为函数 $f(x)$ 的驻点，则 x_0 必为 $f(x)$ 的极值点

  C. 若函数 $f(x)$ 在点 x_0 处有极值，且 $f'(x_0)$ 存在，则必有 $f'(x_0)=0$

  D. 若函数 $f(x)$ 在点 x_0 处连续，则 $f'(x_0)$ 一定存在

13. 函数 $f(x)$ 在闭区间 $[a,b]$ 连续，下列说法中正确的是（　　）。

  A. $f(x)$ 必有最大值，未必有最小值

  B. $f(x)$ 必有最小值，未必有最大值

  C. $f(x)$ 必有最大值及最小值

  D. 以上说法都不正确

14. 已知 $f(x)$ 在区间 $[0,1]$ 上满足 $f'(x)<0$，$f''(x)>0$，则在区间 $[0,1]$ 上曲线 $f(x)$ 为（　　）。

  A. 单增且凹   B. 单减且凹   C. 单增且凸   D. 单减且凸

专题 19 经济函数与经济函数边际

1.某产品总成本 C 为 x 的函数 $C(x)=\dfrac{1}{9}x^2+6x+100$,产品销售价格为 p,需求函数为 $x=-3p+138$,则总收入函数为(   )。

    A. $R(x)=\dfrac{138x-x^2}{3}$ B. $R(x)=138x-x^2$

    C. $R(x)=\dfrac{138x+x^2}{3}$ D. $R(x)=138x+x^2$

2.某产品总成本 C 为 x 的函数 $C(x)=\dfrac{1}{9}x^2+6x+100$,产品销售价格为 p,需求函数为 $x=-3p+138$,则总利润函数为(   )。

    A. $L(x)=\dfrac{4}{9}x^2+40x-100$ B. $L(x)=-\dfrac{4}{9}x^2+40x-100$

    C. $L(x)=\dfrac{4}{9}x^2-40x-100$ D. $L(x)=-\dfrac{4}{9}x^2-40x-100$

3.某产品总成本 C 为 x 的函数 $C(x)=\dfrac{1}{9}x^2+6x+100$,产品销售价格为 p,需求函数为 $x=-3p+138$,为使销售利润最大,则应销售(   )件产品。

    A. 100   B. 20   C. 45   D. 54

4.设某厂每月生产的产品固定成本为 1000 元,生产 x 个单位产品的可变成本为 $0.01x^2+10x$ 元,若每单位产品售价为 30 元,则边际成本函数为(   )。

    A. $0.01x^2+10$ B. $0.02x^2+10$ C. $0.01x+10$ D. $0.02x+10$

5.设某厂每月生产的产品固定成本为 1000 元,生产 x 个单位产品的可变成本为 $0.01x^2+10x$ 元,若每单位产品售价为 30 元,则边际收入为(   )。

    A. 10   B. 20   C. 30   D. 40

6.设某厂每月生产的产品固定成本为 1000 元,生产 x 个单位产品的可变成本为 $0.01x^2+10x$ 元,若每单位产品售价为 30 元,则边际利润为 0 时的产量为(   )个。

    A. 1000   B. 1200   C. 1500   D. 1100

7.已知某产品的总利润 L 与销售 x 之间的关系是 $L(x)=2x+\dfrac{x^3}{3}+1$,则销售量 $x=2$ 时的边际利润为(   )。

    A. 2   B. 6   C. 1   D. 5

专题 20　曲线的凹凸性、拐点及渐近线

1. 函数 $f(x) = x - \dfrac{3}{2}x^2 + \dfrac{1}{2}$ 的驻点为 _____。

2. 函数 $f(x) = x^4 - 2x^3 + 1$ 的拐点个数为 _____。

3. 函数 $f(x) = \sqrt[3]{x}$ 的拐点为（　　）。

　　A. $(0,0)$　　　　　B. $(1,1)$　　　　　C. $(2, \sqrt[3]{2})$　　　　　D. $(1,-1)$

4. 函数 $f(x) = x^3 - 6x^2 + x - 1$ 的拐点为（　　）。

　　A. $(2,15)$　　　　B. $(2,15)$　　　　C. $(-2,15)$　　　　D. $(-2,-15)$

5. 函数 $f(x) = x^4 - 6x^3 + 12x^2 - 10$ 在区间（　　）是上凸的。

　　A. $(-\infty,1)$　　　B. $(1,2)$　　　　C. $(2,+\infty)$　　　　D. $(1,+\infty)$

6. 函数 $f(x) = \mathrm{e}^{-\frac{x^2}{2}}$ 的单调递减上凸区间为（　　）。

　　A. $(-\infty,-1)$　　　B. $(-1,0)$　　　　C. $(0,1)$　　　　D. $(1,+\infty)$

7. 函数 $f(x) = ax^2 + c$ 在区间 $(1,+\infty)$ 内是上凹的，则（　　）。

　　A. $a < 0$ 且 $c = 0$

　　B. $a < 0$ 且 c 为任意常数

　　C. $a < 0$ 且 $c \neq 0$

　　D. $a > 0$ 且 c 为任意常数

8. 若点 $(x_0, f(x_0))$ 是曲线 $y = f(x)$ 的拐点，且 $f''(x)$ 连续，则 $f''(x_0) = $（　　）。

　　A. 0　　　　　　B. -1　　　　　　C. 1　　　　　　D. 不存在

9. 下列曲线中有拐点 $(0,0)$ 的是（　　）。

　　A. $y = x^2$　　　　B. $y = x^3$　　　　C. $y = x^4$　　　　D. $y = x^{\frac{2}{3}}$

10. 曲线 $y = \dfrac{1}{x-1} + 2$ 的水平渐近线为（　　）。

　　A. $y = 2$　　　　B. $x = 1$　　　　C. $y = 1$　　　　D. $x = 2$

11. 曲线 $y = \dfrac{3x^3 + 2}{1 - x^2}$ 的垂直渐近线为（　　）。

　　A. $y = -3$　　　B. $x = 1$　　　　C. $y = 1$　　　　D. $x = -1$ 及 $x = 1$

12. 曲线 $y = \dfrac{\mathrm{e}^x}{x}$（　　）。

　　A. 仅有水平渐近线

　　B. 既有水平渐近线又有垂直渐近线

　　C. 仅有垂直渐近线

D. 既无水平渐近线又无垂直渐近线

13. 曲线 $y = \dfrac{1}{x^2 + 3x + 2}$ 的垂直渐近线和水平渐近线共有（　　）条。

A. 1   B. 2   C. 3   D. 4

14. 下列曲线中有水平渐近线的是（　　）。

A. $y = \tan x$ B. $y = x^2 - 3x^3$ C. $y = \dfrac{x}{1+x}$ D. $y = \ln\sqrt{x}$

专题 21　不定积分

1. 若函数 $f(x)$ 可导,则下列等式中正确的是(　　)。

A. $\int f'(x)\mathrm{d}x = f(x)$

B. $\mathrm{d}\int \mathrm{d}f(x) = f(x) + c$

C. $\dfrac{\mathrm{d}}{\mathrm{d}x}\int f(x)\mathrm{d}x = f(x)$

D. $\mathrm{d}\int f(x)\mathrm{d}x = f'(x)\mathrm{d}x$

2. 已知函数 $f(x)$ 为可导函数,且 $F(x)$ 为 $f(x)$ 的一个原函数,则下列关系式中不成立的是(　　)。

A. $\mathrm{d}\left[\int f(x)\mathrm{d}x\right] = f(x)\mathrm{d}x$

B. $\left[\int f(x)\mathrm{d}x\right]' = f(x)$

C. $\int F'(x)\mathrm{d}x = F(x) + C$

D. $\int f'(x)\mathrm{d}x = F(x) + C$

3. 已知 $\int f(x)\mathrm{d}x = F(x) + C$,若 $x = at + b$,则 $\int f(t)\mathrm{d}t = ($　　$)$。

A. $F(x) + C$

B. $\dfrac{1}{a}F(at+b) + C$

C. $F(t) + C$

D. $F(at+b) + C$

4. 不定积分 $\int x f''(x)\mathrm{d}x = ($　　$)$。

A. $x f'(x) + C$

B. $f'(x) - f(x) + C$

C. $x f'(x) - f(x) + C$

D. $x f'(x) + f(x) + C$

5. 若 $\int f(x)\mathrm{d}x = F(x) + C$,则 $\int \mathrm{e}^{-x} f(\mathrm{e}^{-x})\mathrm{d}x = ($　　$)$。

A. $F(\mathrm{e}^x) + C$

B. $F(\mathrm{e}^{-x}) + C$

C. $-F(\mathrm{e}^x) + C$

D. $-F(\mathrm{e}^{-x}) + C$

6. 若 $\sin x$ 是 $f(x)$ 的一个原函数,则 $\int x f'(x)\mathrm{d}x = ($　　$)$。

A. $x\cos x - \sin x + C$

B. $x\sin x + \cos x + C$

C. $x\cos x + \sin x + C$

D. $-x\sin x - \cos x + C$

专题 22 不定积分直接积分法

1. $\int \dfrac{1}{x\sqrt{x}}\mathrm{d}x = ($ $)$。

    A. $x^{-\frac{1}{3}} + C$ B. $-2x^{-\frac{1}{2}} + C$

    C. $x^{-\frac{1}{3}}$ D. $-3x^{-\frac{1}{3}}$

2. $\int (\sqrt{x}+1)(\sqrt{x^3}-1)\mathrm{d}x = ($ $)$。

    A. $\dfrac{1}{3}x^3 - \dfrac{2}{3}x^{\frac{3}{2}} + \dfrac{2}{5}x^{\frac{5}{2}} - x + C$ B. $\dfrac{1}{3}x^3 - \dfrac{2}{3}x^{\frac{3}{2}} + \dfrac{2}{5}x^{\frac{5}{2}} + x$

    C. $x^3 - x^{\frac{3}{2}} + x^{\frac{5}{2}} - x + C$ D. $x^3 - x^{\frac{3}{2}} + x^{\frac{5}{2}} - x$

3. $\int \sin\dfrac{x}{2}\cos\dfrac{x}{2}\mathrm{d}x = ($ $)$。

    A. $-\dfrac{1}{2}\cos x + C$ B. $\cos x + C$

    C. $-\dfrac{1}{2}\sin x + C$ D. $\sin x + C$

4. $\int \dfrac{\cos 2x}{\cos x - \sin x}\mathrm{d}x = ($ $)$。

    A. $\cos x - \sin x + C$ B. $\cos x + \sin x + C$

    C. $-\cos x + \sin x + C$ D. $-\cos x - \sin x + C$

5. $\int 2^x(\mathrm{e}^x - 5)\mathrm{d}x = ($ $)$。

    A. $2^x\left(\dfrac{\mathrm{e}^x}{\ln 2 + 1} - \dfrac{5}{\ln 2}\right) + C$ B. $2^x\left(\dfrac{\mathrm{e}^x}{\ln 2 + 1} + \dfrac{5}{\ln 2}\right) + C$

    C. $-2^x\left(\dfrac{\mathrm{e}^x}{\ln 2 + 1} - \dfrac{5}{\ln 2}\right) + C$ D. $-2^x\left(\dfrac{\mathrm{e}^x}{\ln 2 + 1} + \dfrac{5}{\ln 2}\right) + C$

6. $\int 3^x \mathrm{e}^x \mathrm{d}x = ($ $)$。

    A. $3^x\dfrac{\mathrm{e}^x}{\ln 3 - 1} + C$ B. $3^x\dfrac{\mathrm{e}^x}{\ln 3 + 1} + C$

    C. $\dfrac{(3\mathrm{e})^x}{\ln 3 + 1}$ D. $\dfrac{(3\mathrm{e})^x}{\ln 3 - 1}$

7. $\int \dfrac{1+x+x^2}{x(1+x^2)}\mathrm{d}x = ($ $)$。

A. $\arctan x + \ln|x| + C$

B. $\arctan x - \ln|x| + C$

C. $-\arctan x + \ln|x| + C$

D. $-\arctan x - \ln|x| + C$

8. $\int \dfrac{x^4}{1+x^2}dx = ($ $)_{\circ}$

A. $\arctan x + x - x^3 + C$

B. $\arctan x - x + \dfrac{1}{3}x^3 + C$

C. $\arctan x + x + x^3 + C$

D. $\arctan x - x - \dfrac{1}{3}x^3 + C$

9. $\int \dfrac{1}{(1+x)(x-2)}dx = ($ $)_{\circ}$

A. $\dfrac{1}{3}(\ln|x-2| - \ln|x-1|) + C$

B. $\ln|x-2| - \ln|x-1| + C$

C. $\dfrac{1}{3}(\ln|x-2| + \ln|x-1|) + C$

D. $\ln|x-2| + \ln|x-1| + C$

10. $\int \dfrac{3x^4 + 3x^2 + 1}{x^2 + 1}dx = ($ $)_{\circ}$

A. $x^3 + \arctan x + C$

B. $\dfrac{1}{3}x^3 + \arctan x + C$

C. $x^3 - \arctan x + C$

D. $\dfrac{1}{3}x^3 - \arctan x + C$

11. $\int \dfrac{x+3}{x^2 - 5x + 6}dx = ($ $)_{\circ}$

A. $5\ln|x-2| - 6\ln|x-3| + C$

B. $6\ln|x-2| - 5\ln|x-3| + C$

C. $-6\ln|x-2| + 5\ln|x-3| + C$

D. $-5\ln|x-2| + 6\ln|x-3| + C$

专题 23　不定积分换元积分法、分部积分法

1. $\int \sin(4-3x)\,\mathrm{d}x = (\qquad)$。

    A. $\sin(4-3x)+C$　　　　　　　　B. $\dfrac{\sin(4-3x)}{3}+C$

    C. $\cos(4-3x)+C$　　　　　　　　D. $\dfrac{\cos(4-3x)}{3}+C$

2. $\int \dfrac{\mathrm{d}x}{\sqrt[3]{2-3x}} = (\qquad)$。

    A. $-\dfrac{1}{2}\sqrt[3]{(2-3x)^2}+C$　　　　B. $\dfrac{1}{2}\sqrt[3]{(2-3x)^2}+C$

    C. $\sqrt[3]{(2-3x)^2}+C$　　　　　　D. $-\sqrt[3]{(2-3x)^2}+C$

3. $\int x\cos x^2\,\mathrm{d}x = (\qquad)$。

    A. $-\dfrac{1}{2}\sin x^2+C$　　　　　　B. $\dfrac{1}{2}\cos x^2+C$

    C. $\dfrac{1}{2}\sin x^2+C$　　　　　　　D. $-\dfrac{1}{2}\cos x^2+C$

4. $\int \dfrac{\mathrm{d}x}{x(2\ln x+1)} = (\qquad)$。

    A. $\ln|1-2\ln x|+C$　　　　　　B. $\dfrac{1}{2}\ln|1+2\ln x|+C$

    C. $\ln|1+2\ln x|+C$　　　　　　D. $-\dfrac{1}{2}\ln|+2\ln x|+C$

5. $\int \dfrac{\mathrm{e}^{3\sqrt{x}}}{\sqrt{x}}\,\mathrm{d}x = (\qquad)$。

    A. $\dfrac{2}{3}\mathrm{e}^{3\sqrt{x}}+C$　　　　　　B. $\mathrm{e}^{3\sqrt{x}}+C$

    C. $-\mathrm{e}^{3\sqrt{x}}+C$　　　　　　　D. $-\dfrac{2}{3}\mathrm{e}^{3\sqrt{x}}+C$

6. $\int \dfrac{\mathrm{d}x}{\sqrt{\mathrm{e}^x-1}} = (\qquad)$。

    A. $-2\arctan\sqrt{\mathrm{e}^x-1}+C$　　　B. $\arctan\sqrt{\mathrm{e}^x-1}+C$

    C. $-\arctan\sqrt{\mathrm{e}^x-1}+C$　　　D. $2\arctan\sqrt{\mathrm{e}^x-1}+C$

7. $\displaystyle\int \frac{\mathrm{d}x}{\sqrt{x}+\sqrt[4]{x}} = ($ $)_\circ$

    A. $-2\sqrt{x}+4\sqrt[4]{x}+4\ln|1+\sqrt[4]{x}|+C$

    B. $2\sqrt{x}+4\sqrt[4]{x}-4\ln|1+\sqrt[4]{x}|+C$

    C. $\sqrt{x}-\sqrt[4]{x}+\ln|1+\sqrt[4]{x}|+C$

    D. $2\sqrt{x}-4\sqrt[4]{x}+4\ln|1+\sqrt[4]{x}|+C$

8. $\displaystyle\int (\sqrt{1-x^2})\mathrm{d}x = ($ $)_\circ$

    A. $\dfrac{1}{2}\arcsin x - \dfrac{x\sqrt{1-x^2}}{2}+C$
        B. $\dfrac{1}{2}\arccos x + \dfrac{x\sqrt{1-x^2}}{2}+C$

    C. $\dfrac{1}{2}\arccos x - \dfrac{x\sqrt{1-x^2}}{2}+C$
        D. $\dfrac{1}{2}\arcsin x + \dfrac{x\sqrt{1-x^2}}{2}+C$

9. $\displaystyle\int x\cos x\,\mathrm{d}x = ($ $)_\circ$

    A. $x\sin x - \cos x + C$
        B. $\sin x + x\cos x + C$

    C. $x\sin x + \cos x + C$
        D. $\sin x - x\cos x + C$

10. $\displaystyle\int x\ln x\,\mathrm{d}x = ($ $)_\circ$

    A. $\dfrac{1}{2}x^2\ln x + \dfrac{1}{4}x^2 + C$
        B. $x^2\ln x - x^2 + C$

    C. $x^2\ln x + x^2 + C$
        D. $\dfrac{1}{2}x^2\ln x - \dfrac{1}{4}x^2 + C$

11. $\displaystyle\int x\arctan x\,\mathrm{d}x = ($ $)_\circ$

    A. $\dfrac{1}{2}x^2\arctan x - \dfrac{1}{2}(x-\arctan x)+C$

    B. $x^2\arctan x - x - \arctan x + C$

    C. $\dfrac{1}{2}x^2\arctan x + \dfrac{1}{2}(x-\arctan x)+C$

    D. $x^2\arctan x + x + \arctan x + C$

12. $\displaystyle\int \arccos x\,\mathrm{d}x = ($ $)_\circ$

    A. $\arccos x + \sqrt{1-x^2} + C$
        B. $x\arccos x + \sqrt{1-x^2} + C$

    C. $\arccos x - \sqrt{1-x^2} + C$
        D. $x\arccos x - \sqrt{1-x^2} + C$

13. $\displaystyle\int e^x\sin x\,\mathrm{d}x = ($ $)_\circ$

    A. $\dfrac{1}{2}e^x(\sin x - \cos x)+C$
        B. $\dfrac{1}{2}e^x(\sin x + \cos x)+C$

    C. $e^x(\sin x - \cos x)+C$
        D. $e^x(\sin x + \cos x)+C$

14. $\int x^2 e^{x^3} dx = ($)。

    A. $e^{x^3} + C$ B. $3e^{x^3} + C$ C. $3e^{x^3}$ D. $\dfrac{1}{3}e^{x^3} + C$

15. $\int e^{\sqrt{x}} dx = ($)。

    A. $2e^{\sqrt{x}}(\sqrt{x} - 1) + C$ B. $e^{\sqrt{x}}(\sqrt{x} - 1) + C$

    C. $2e^{\sqrt{x}}(\sqrt{x} + 1) + C$ D. $2e^{\sqrt{x}}(\sqrt{x} + 1) + C$

专题 24 定积分的概念及性质

1. $\int_{-1}^{1} x\,|x|\,\mathrm{d}x = $ _____。

2. $\int_{-\pi}^{\pi} (x^2 + \sin^3 x)\,\mathrm{d}x = $ _____。

3. 若 $f(x)$ 在区间 $[-1,5]$ 上可积，$\int_{-1}^{1} f(x)\,\mathrm{d}x = 1$，$\int_{-1}^{5} f(x)\,\mathrm{d}x = 2$，则 $\int_{5}^{1} 3f(x)\,\mathrm{d}x = $ _____。

4. 已知连续函数 $f(x)$ 在区间 $[-1,1]$ 上的平均值是 $\dfrac{\pi}{4}$，则 $\int_{-1}^{1} f(x)\,\mathrm{d}x = $ _____。

5. 设 $f(x)$ 连续，且 $\int_{0}^{2x} f(t)\,\mathrm{d}t = 1 + x^3$，则 $f(8) = $ _____。

6. 设区域 D 由直线 $x=a$，$x=b(b>a)$ 和曲线 $y=f(x)$ 及曲线 $y=g(x)$ 所围成，则区域 D 的面积为（　　）。

 A. $\int_{a}^{b} [f(x)-g(x)]\mathrm{d}x$ B. $\left|\int_{a}^{b} [f(x)-g(x)]\mathrm{d}x\right|$

 C. $\int_{a}^{b} [g(x)-f(x)]\mathrm{d}x$ D. $\int_{a}^{b} \left|f(x)-g(x)\right|\mathrm{d}x$

7. 下列式子中正确的是（　　）。

 A. $\left(\int_{a}^{b} f(x)\mathrm{d}x\right)' = f(x)$ B. $\left(\int_{a}^{b} f(x)\mathrm{d}x\right)' = 0$

 C. $\int_{a}^{b} f(x)\mathrm{d}x = f(b)-f(a)$ D. $\int f'(x)\mathrm{d}x = f(x)$

8. 定积分 $F(x)=\int_{0}^{x} f(t)\mathrm{d}t$，则 $F'(x)=$（　　）。

 A. $f'(x)$ B. $f(x)+C$ C. $f(x)$ D. $f(x)-f(a)$

9. 设定积分 $F(x)=\int_{1}^{x} (t-1)(t-2)\mathrm{d}t$，则 $F'(x)=$（　　）。

 A. x^2+3x+2 B. $2x-3$ C. $2x+3$ D. x^2-3x+2

10. 设 $f(x)$ 是连续函数，则 $\dfrac{\mathrm{d}}{\mathrm{d}x}\int_{2x}^{-1} f(t)\mathrm{d}t=$（　　）。

 A. $f(2x)$ B. $2f(2x)$ C. $-f(2x)$ D. $-2f(2x)$

专题 25　定积分的计算

1. $\displaystyle\int_1^2 2^x \, \mathrm{d}x =$ _____。

2. $\displaystyle\int_{-\frac{\sqrt{3}}{2}}^{\frac{\sqrt{3}}{2}} \frac{1}{\sqrt{1-x^2}} \, \mathrm{d}x$ _____。

3. $\displaystyle\int_0^2 |x-1| \, \mathrm{d}x =$ _____。

4. $\displaystyle\int_0^{2\pi} |\cos x| \, \mathrm{d}x =$ _____。

5. $\displaystyle\int_0^1 x \sqrt{1-x} \, \mathrm{d}x =$ _____。

6. $\displaystyle\int_0^{\ln 2} \sqrt{\mathrm{e}^x - 1} \, \mathrm{d}x =$ _____。

7. $\displaystyle\int_1^{\mathrm{e}} \frac{1+\ln x}{x} \, \mathrm{d}x =$ _____。

8. $\displaystyle\int_{-1}^1 \frac{1}{(2x+3)^2} \, \mathrm{d}x =$ _____。

9. $\displaystyle\int_0^{\sqrt{3}} \arctan x \, \mathrm{d}x =$ _____。

10. $\displaystyle\int_{-1}^1 x^2 \arcsin x \, \mathrm{d}x =$ _____。

11. $\displaystyle\int_{-1}^2 \frac{\mathrm{e}^{\frac{1}{x}}}{x^3} \, \mathrm{d}x =$ _____。

12. $\displaystyle\int_0^1 \frac{x^2}{1+x^2} \, \mathrm{d}x =$ _____。

13. $\displaystyle\int_0^{\sqrt{\ln 2}} x \, \mathrm{e}^{x^2} \, \mathrm{d}x =$ _____。

14. 已知 $f(x) = \begin{cases} x^2 + 1 & (0 \leqslant x \leqslant 1) \\ x+1 & (-1 \leqslant x < 0) \end{cases}$，则 $\displaystyle\int_{-1}^1 f(x) \, \mathrm{d}x =$ _____。

15. 下列选项中正确的是（　　）。

    A. $\displaystyle\int_0^1 x^2 \, \mathrm{d}x \geqslant \int_0^1 x^3 \, \mathrm{d}x$ B. $\displaystyle\int_2^3 x^2 \, \mathrm{d}x \geqslant \int_2^3 x^3 \, \mathrm{d}x$

    C. $\displaystyle\int_0^1 \sqrt{1+x^2} \, \mathrm{d}x \leqslant \int_0^1 \sqrt{1+x^4} \, \mathrm{d}x$ D. $\displaystyle\int_1^{+\infty} \sqrt{x} \, \mathrm{d}x \geqslant \int_1^{+\infty} x \sqrt{x} \, \mathrm{d}x$

专题 26　定积分的应用

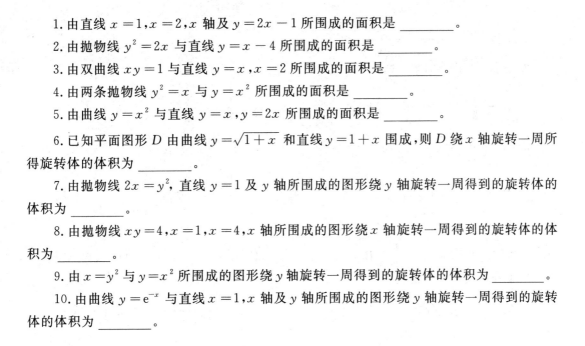

1. 由直线 $x=1$，$x=2$，x 轴及 $y=2x-1$ 所围成的面积是 _____。

2. 由抛物线 $y^2=2x$ 与直线 $y=x-4$ 所围成的面积是 _____。

3. 由双曲线 $xy=1$ 与直线 $y=x$，$x=2$ 所围成的面积是 _____。

4. 由两条抛物线 $y^2=x$ 与 $y=x^2$ 所围成的面积是 _____。

5. 由曲线 $y=x^2$ 与直线 $y=x$，$y=2x$ 所围成的面积是 _____。

6. 已知平面图形 D 由曲线 $y=\sqrt{1+x}$ 和直线 $y=1+x$ 围成，则 D 绕 x 轴旋转一周所得旋转体的体积为 _____。

7. 由抛物线 $2x=y^2$，直线 $y=1$ 及 y 轴所围成的图形绕 y 轴旋转一周得到的旋转体的体积为 _____。

8. 由抛物线 $xy=4$，$x=1$，$x=4$，x 轴所围成的图形绕 x 轴旋转一周得到的旋转体的体积为 _____。

9. 由 $x=y^2$ 与 $y=x^2$ 所围成的图形绕 y 轴旋转一周得到的旋转体的体积为 _____。

10. 由曲线 $y=\mathrm{e}^{-x}$ 与直线 $x=1$，x 轴及 y 轴所围成的图形绕 y 轴旋转一周得到的旋转体的体积为 _____。

专题 27　广义积分

1. $\int_0^{+\infty} e^{-x} dx = $ _____。

2. $\int_{-\infty}^0 x e^{-x^2} dx = ($ 　　$)$。

　　A. $-\dfrac{1}{2}$ 　　　　　　B. 0 　　　　　　C. $\dfrac{1}{2}$ 　　　　　　D. 1

3. $\int_1^{+\infty} \dfrac{1}{x^4} dx = ($ 　　$)$。

　　A. $\dfrac{1}{2}$ 　　　　　　B. $\dfrac{1}{3}$ 　　　　　　C. $\dfrac{1}{4}$ 　　　　　　D. $\dfrac{1}{5}$

4. 当 $k ($ 　　$)$ 时，$\int_{-\infty}^0 e^{-kx} dx$ 收敛。

　　A. > 0 　　　　　　B. $\geqslant 0$ 　　　　　　C. < 0 　　　　　　D. $\leqslant 0$

5. 下列广义积分中收敛的是($ 　　$)$。

　　A. $\displaystyle\int_0^{+\infty} \dfrac{dx}{\sqrt{x+1}}$ 　　B. $\displaystyle\int_0^1 \dfrac{dx}{x^2}$ 　　C. $\displaystyle\int_0^{+\infty} \dfrac{dx}{(2x+1)^2}$ 　　D. $\displaystyle\int_0^1 \dfrac{dx}{x-1}$

参考文献

[1] 侯风波.高等数学[M].6 版.北京:高等教育出版社,2018.

[2] 董国良.高等数学[M].北京:首都师范大学出版社,2023.